爱自己
是一生浪漫的开始

静听风 著

中国水利水电出版社
www.waterpub.com.cn
·北京·

内 容 提 要

本书深度解析了人们在工作、恋爱、婚姻、家庭等方面产生焦虑感的原因，为他们提供了改变现状的指导建议，帮助他们由内而外地进行自我调整、自我治愈，从而成为独立自主、气质出众的人。

图书在版编目（ＣＩＰ）数据

爱自己是一生浪漫的开始 ／ 静听风著. -- 北京 ：
中国水利水电出版社，2020.6
ISBN 978-7-5170-8528-7

Ⅰ．①爱… Ⅱ．①静… Ⅲ．①焦虑－心理调节－通俗读物 Ⅳ．①B842.6-49

中国版本图书馆CIP数据核字(2020)第063195号

书 名	爱自己是一生浪漫的开始 AI ZIJI SHI YISHENG LANGMAN DE KAISHI
作 者	静听风 著
出 版 发 行	中国水利水电出版社 （北京市海淀区玉渊潭南路1号D座 100038） 网址：www.waterpub.com.cn E-mail：sales@waterpub.com.cn 电话：（010）68367658（营销中心）
经 售	北京科水图书销售中心（零售） 电话：（010）88383994、63202643、68545874 全国各地新华书店和相关出版物销售网点
排 版	北京水利万物传媒有限公司
印 刷	天津旭非印刷有限公司
规 格	146mm×210mm 32开本 8印张 186千字
版 次	2020年6月第1版 2020年6月第1次印刷
定 价	46.00元

第一章 01

喜欢自己
比喜欢世界更重要

人生很短，请活出你自己的精彩 // 003

女人越独立，活得越高级 // 008

取悦别人，不如取悦自己 // 013

你的坚持，终将美好 // 018

笃定，成就她的好运气 // 023

拒绝花瓶，做自己的女王 // 027

你眼中的逆袭，其实是厚积薄发 // 031

愿你的不安分守己，带你走得更远 // 036

学会拒绝，可以让自己变得更珍贵 // 040

●
●

第二章 02

爱你一天，
就对你有一天的温柔

你一边流泪、一边努力的样子真美　// 047

孤独是一个人的清欢　// 052

输了爱情不要紧，别输了人生　// 057

你的焦虑，只是因为不用心　// 063

成长之路，你要慢慢来　// 068

嫉妒，只会让你更丑陋　// 074

即便命运多舛，她依然笑得从容　// 079

心态好，人生才过得安然　// 085

理想的相处模式是彼此吸引，又各自独立　// 091

第三章 13

必要的时候，
把一些人留在昨天

做个悲伤的智者，不如做个开心的傻瓜　// 099

爱情不盲目，才会有美好的结局　// 104

拿得起，放得下，做一个有胆识的人　// 110

不打扰，是人生最高级的修养　// 115

层次越高的人，越懂得放下　// 121

极简生活，你的人生需要学会舍弃　// 126

你真诚说"谢谢"的样子，好美　// 131

重启的人生，也能绽放光彩　// 136

谁不是一边放下过去，一边追寻未来　// 140

第四章 04

请把所有的力气
都用来变美

舍得对自己狠的人，才能活得有底气　// 147

请把所有的力气都用来变美　// 152

在别人的岁月里熠熠生辉　// 157

你可以贫穷，但不可以浅薄　// 163

听别人把话说完，是很高级的品质　// 168

所谓的完美，不过是懂得及时止损　// 174

除了成功，我们还需要情怀　// 179

有见地的人，善于管理自己的时间　// 184

做事专注的人，更容易让梦想照进现实　// 188

第五章 05

想要的都拥有，
得不到的都释怀

愿你既能朝九晚五，又能浪迹天涯 // 195

你的心理障碍，有时需要别人帮忙解除 // 200

努力的人，运气都不会太差 // 205

遵循"一万小时定律"，就一定会有收获吗 // 210

逆风而行，向阳而生 // 216

能掌控自己的情绪，是一种高贵的品质 // 221

那些月薪过万的人，你不需要羡慕 // 227

少刷朋友圈，多看看别人是如何失败的 // 232

多用脑子，少些抱怨，做一个有风骨的人 // 237

高明的人，懂得在恰当的时候迁就别人 // 242

第一章

喜欢自己比喜欢世界更重要

人生很短，
请活出你自己的精彩

　　Daisy 小时候的梦想是开一家自己喜欢的小吃店，它不需要很大的房子，也不需要奢华的装饰，但一定要被包围在整片花的海洋里。可就是这样一个小小的梦想，Daisy 也未能实现。

　　当年，从英国留学回来，Daisy 就在北京的金融行业摸爬滚打了七年。她每天出入高档的写字楼，做的工作就是与金钱打交道。虽然她有着别人羡慕的高收入工作，但常常感到恐慌，害怕有一天会把所有的积蓄花光。在金融行业的这七年里，Daisy 加班熬夜是常事，往往等她忙完工作走出办公大楼，北京早已灯火阑珊（她根本没有时间停下来沉淀自己，更别说抽时间谈恋爱，享受有品质的生活了）。每当这时，她会望着深邃的夜空问自己："这真的是我向往的生活吗？"

人生很短，总有些未完成的心愿还在路上。

上周四，经常和她一起加班的男同事突然倒地，人送到医院时，心跳已经停止了，年仅29岁。前一天，他们还在下午茶时聊天儿，男同事说，他余生要找一个温柔的女孩做妻子，谁能想到人说没就没了。

这件事情唤醒了Daisy那颗拥有梦想的心。于是，她决定辞职，去做一直想做却未能如愿的事。那一年，她刚好33岁。

离开了别人眼中的好公司，Daisy觉得北京的空气散发着香甜的味道，那是梦想的味道在召唤她。为了能找到一个合适的店址，Daisy跑了几个月，选了很多地方，其中一次还被二房东骗过。就在她想要放弃，打算重回金融行业找工作时，发现某座写字楼的地下一楼正好符合她的选址标准。

世界上最大的快乐，莫过于做自己喜欢的事。关于小店的一切，Daisy坚持亲力亲为，自己动手画设计图，不会AutoCAD（一款计算机辅助设计软件）就用手绘，一笔一画地勾描。从墙体用料到陶盆、瓦罐，这些返璞归真的朴素摆件，都是她从网上精挑细选后买来的，根据不同的造型，再实地去寻找合适的鲜花和野草。每一种食材，也是她和团队精心挑选的，然后用心烹制成美味的菜肴。她希望每一个来这里吃饭的客人，都能感受到生活的美好，将负重前行的心沉淀下来，感受生活赐予他们的味蕾，认真品味有质感的慢生活。梦想一旦付诸行动，就会变得神圣无比。经过近一年时间的忙碌，她终于把小店布置妥当，而且申请了营业执照，可以营业了。

然而，理想很丰满，现实太骨感。第一天开业，Daisy就经历了前所未有的灰暗：水管爆裂，墙体脱落，甚至连店名都惨遭"恶搞"。意外不断，差点儿让她心灰意冷，但一想到多年的热爱即将变成现实，不能只为了眼前这一道坎儿，就失去了翻越一座山的勇气。她咬紧牙关，及时请来专业的技术人员，解决了所有问题。

Daisy说："做一件自己热爱的事情，让别人感受到你的热情，是很高级的乐趣。"确实，生活已然很累，能坚持做一件喜欢的事情，并一直努力下去的你，真的好美！

有人说，想做的事情那么多，但都没有时间去实现。真正努力的人，不会为自己的懒惰找借口。梦想，不是浮躁，而是沉淀和积累，只有拼搏出来的美丽，没有幻想出来的辉煌。机会永远留给最努力的那个人，学会与内心深处的自己对话，问问自己想要怎样的人生？然后，静心学习，耐心沉淀。

塔莎奶奶说："不管你现在的年纪有多大，生活其实有无限可能。选择自己要过的生活，是人生最重要的事情。"人生是一道多选题，忙碌是一种状态，安然也是一种状态，你同样可以选择在时光中优雅老去。

南京也有一位"塔莎奶奶"。年轻的时候，她是个流水线工人，唯一的爱好就是剪裁、画画。跟别人追求时髦的方式不一样，她更喜欢朴素自然的旧衣服，常常让家人帮她找来旧衣服，或者自己动手改制一些旧衣服。黑黑的皮肤，加上一身怀旧感很强的衣服，她经常受到别人的嘲笑。然而，她却毫不在意，始终坚持做自己喜欢的事情。

很多人在退休以后，一下子从忙碌的状态中松弛下来，就会感到空虚、不适，精气神一下子就会垮下来，而这位奶奶却能重拾年轻时的梦想，将自己的晚年生活过得有声有色。

她买来缝纫机和各色各样她喜欢的布料，动手做起了衣服和包包，还别出心裁地在衣服上绣上漂亮的图案。每次完成一件新衣服，她都会精心打扮一番，穿过大街小巷来展示自己的新作。每到一处，她都会用手机拍下自己最美的样子，留着以后慢慢欣赏。后来，她买了单反相机，还专门到老年大学学习摄影。虽然她不会后期处理，却喜欢在拍照前设计有意思的剧情，再根据剧情选择喜欢的衣服，匹配表情和动作。有时，是在郊外的一处树林，穿上田园风格的衣裙，配上艳丽的丝巾，或者草帽，演绎自己梦想中的诗意生活；有时，是在斑驳的城市街头，留下一组耐人寻味的背影……

　　她的每一张照片里，仿佛都隐藏着一个光阴的故事，充满了年代感。这些照片一经传开，很多人都被这样有趣的奶奶吸引了，能把日子过成诗，是很多人艳羡的理想生活。后来，老奶奶在家人的支持下，在家办起了小型画展。她的乐观开朗感染了许多人，在她淡然优雅、经过岁月沉淀的笑容里，你很难想象她是一个癌症患者。

　　人生只有一次，去做自己喜欢的事情。真正地爱自己，不是牺牲掉所有的时间和精力，去打拼什么辉煌的未来，而是在当下就努力去做自己喜欢的和有趣的事情。让自己的内心充盈着喜悦，余生的每一天，请以自己喜爱的方式度过。

女人越独立，
活得越高级

今天和一个久未碰面的大学同学聊天儿，她说自己准备离职了。

我很惊讶地问："现在的单位福利、待遇都不错，你晋升为主管也不容易，以后的晋升空间也挺大的，为什么想要离职？"

她纠结了一会儿说："其实，做这个选择我也很痛苦。毕竟我努力了很久才取得今天的成绩。可是，我没有办法。孩子的奶奶要回老家，没有人带孩子，老公想让我辞职，在家专职带孩子。等孩子长大一些，我再找一份相对轻松的工作。"

"可是……这样真的好吗？"我在心中默念道。上大学的时候，同学就是一个温柔的女子，她的老公则是大男子主义。

我想了想，提醒她："要不，你们再协商一下，看看有没有其他的办法，单凭你的老公一个人担负起生活的重担，压力太大了。以后，如果你一直伸手向他要钱，总归活得没底气。况且，你毕业才两年，此时回归家庭，到时候再出来工作，你早就跟社会脱节了。"

她沉默了一会儿，苦笑道："我们早就商量过了，他不需要我那么拼，他会养我的。"

几个月后，同学便来找我诉苦："我相中了一套化妆品，下单的时候发现老公居然把我的信用卡冻结了。他觉得我最近花钱过度，常常买一些不必要的东西，给孩子买的东西也都是最好的，生活成本太高了。"

尽管同学一再申辩："我以前就是这么生活的，为何辞职后就得改变呢？虽然用好的产品价格不菲，但孩子还小，起码用起来放心啊！"

听着她的辩解，越来越不耐烦的老公粗暴地打断了她："以前是你自己挣钱，现在是我在挣钱养活你们，每个月还有房贷和车贷，哪里还有多余的钱去买奢侈品？能省就省吧！"

同学唏嘘不已："是他说不要我那么累，要挣钱养我。可这才几个月，就这样对我！"

经济基础决定上层建筑。无论是在恋爱还是婚姻关系中，经济独立意味着你在双方关系中所处的位置也独立；经济不独立，说话就没有底气，长此以往，你的人格也就无法独立。很多女人逆来顺受，依赖性强，很大原因就在于此。

大多数男人情绪一上来都会化身为"至尊宝"，口中不厌其烦地说着"爱你一万年，一辈子疼你、爱你、护你"这类甜言蜜语，可是，当对方真正地把幸福寄托在男人的身上时，就会成为他的负担。没有人会在寂寞的岁月里无条件为你埋单，有些情话听过就好，千万不要较真儿，一旦你较真儿了，就很可能反被情话伤害。

曾茜是一位年轻的妈妈，在一家培训机构做讲师工作，职业体面，报酬丰厚，唯一的不足就是缺少陪伴家人的时间。每次短暂相聚之后的分别，儿子总是揪着她的衣襟，哭得撕心裂肺。

她的老公是一名自由画家，常常入不敷出。转眼间，儿子到了入学的年龄，再三考虑下，曾茜从单位离职，回家带孩子。她拿到了一个很不错的化妆品品牌的代理授权，开了一家小小的化妆品店。然而，小店的生意并不好，他们的日子过得很拮据。为了补贴家用，她的老公只好暂时屈服于现实，做起了销售工作。可是，没有资源和工作经验的他，每月只能拿低廉的薪水。

眼看二人已经走上了坐吃山空的下坡路，一个多年的好友向曾茜提议："既然你在代理这个化妆品品牌，小店的生意也不好，倒不如转做'微商'……"

听取了好友的建议，曾茜果断关闭了店面，拿到了这个化妆品的地区总代理后，专职做起了"微商"。

那时候，电商早已深入人心，"微商"才刚刚开始。曾茜为了不被好友屏蔽朋友圈，从一开始就申请了新账号。多年的培训经验告诉她，任何新产品的推广，都需要给大家一个接受的过程。为此，她给身边的好友每人送了一套产品，迫于情面，朋友们偶尔会买一点儿。当然，她也遇见过难缠的客户。这位客户并没有买任何产品，却说自己用了她的产品后引起了皮肤过敏，到处宣扬产品有问题，扬言要打官司，让她赔偿全部的医疗费。那段时间，很多代理商都对曾茜提出了质疑，纷纷退出，并要求她返还代理费。她的事业受到了前所未有的打击。

为此，曾茜打起十二分精神积极应对。她调查发现，这位客户使用的其实是从别人那里买的假冒伪劣产品，而她代理的产品经权威机构鉴定后，并没有任何质量问题。真相大白后，很多人开始主动找曾茜购买产品，还自发推荐给朋友或同事。

从零客户到建立庞大的代理团队，曾茜早已今非昔比。她让老公辞掉了那份销售工作，并送他出国深造。几年后，她老公的画作在国际大赛上崭露头角，被知名画廊签约后，也开启了事业的新征程。而在这几年中，虽然没有老公的陪伴，曾茜却能耐得住寂寞，越发独立自强，成为被人称赞的时代新女性。

我们身边的人或事，存在着很大的变数，未来会怎样谁也无法预料。不要总是寄希望于别人，我们必须得学会独立自主，主宰自己的人生。

长得漂亮是优势，活得漂亮才是本事。女人越独立，活得越有尊严！不需要附庸，不需要谄媚，就算有一天被全世界抛弃了，你依然可以为事业奋斗，将幸福进行到底。

取悦别人，
不如取悦自己

　　菜花姐和菜花妹是一对双胞胎。她们面容相似，性格却截然不同，一个温柔似水，一个热情似火。菜花姐文静内敛，她的恋爱观是"学得好不如嫁得好"，她最热衷的就是努力武装自己的外表，为钓"金龟婿"做准备；菜花妹健谈开朗，她认为女人想要过得好，靠谁都不如靠自己。她的爱情观是"找一个自己喜欢的也喜欢自己的人过一辈子，无关金钱和地位"。

　　两姐妹迥然不同的恋爱观，婚姻里都如愿以偿。菜花姐嫁给了一个富商的儿子，菜花妹跟自己暗恋三年的学长结婚了。

　　结婚以后，菜花姐对"富二代"丈夫言听计从，听从了丈夫的安排，安心在家相夫教子，做起了全职太太，尽心尽力地对待他的家人，极尽取悦和讨好。菜花妹在度完蜜月之后，就和老公分别投入到紧张有序的工作当中，因为她和老公都是"奋二代"。

两年后，菜花姐的老公接手了家族生意，而她也习惯了豪门阔太太的生活。每个月丈夫都会给她几万块钱的生活费，她无聊了就和其他豪门太太打打麻将、做做美容。她和丈夫的见面次数屈指可数。此时，菜花妹已经买了第一套房，并且凭借自己的努力在公司中闯出了一片天——成为业绩最好的大区经理，刚被任命为海南分公司的总经理。

菜花姐偶然发现老公有了外遇，协商无果后，只能着手离婚事宜。她为了争取更多的财产，拼命地卖惨，向娘家人、朋友、老公的亲戚和律师哭诉自己一心一意为家庭付出了青春，放弃了工作，结果却换来对方无情的背叛。

她老公知道后却一脸嫌弃地控诉，一直以来都是他在辛苦地挣钱养家，菜花姐除了向他伸手要钱，根本没有为他出谋划策分担压力，更没有成为他工作上的助力。如果没有他，她如何能买得起爱马仕、卡地亚等奢侈品。花他的钱，却不知道感恩，根本不关心他的生活，更不能体谅他作为一个上市公司老总的压力和责任。

......

很多事情，我们把它想得太美好，结果往往只是一场悲剧。"你负责貌美如花，我负责挣钱养家"的承诺听过之后一笑了之，千万不要往心里去，在这个世界上，谁也不可能成为你一辈子的"盖世英雄"，只有你强大起来，才能主宰自己的命运。

女人，尤其是柔弱的女人，她们更愿意把自己的幸福寄托在别人身上。殊不知这是一种错误的认知，任何誓言都不可能一成不变，一旦有了变故，迎接你的将是"万劫不复"。当婚姻走到了尽头，成为一种负累，那么生活中就只剩下两个曾经相爱的人互相伤害，以及你自己的痛不欲生。

在爱情里取悦别人，不如取悦自己，指望别人给你幸福，注定只能得到伤心和失望。正如一起出发的两个人，一个走得很快，另一个却原地踏步，渐行渐远，俩人之间最终只能形成一道无法跨越的鸿沟。

菜花姐"阔太太式"的婚姻化为幻影，不屑于"灰姑娘式"恋爱的菜花妹，如今却活成了人人羡慕的样子。人人都说，她这是嫁给了爱情。

作者沈嘉柯在《无论你多么爱一个人，都不要去寄生》中写道："爱是一种行为，它能够让我们彼此成长起来。让我们彼此摆脱了拿别人当拐杖，寄生在爱人身体上的幼稚病，真正独立成长起来。"

我的一位前同事，她的第一段婚姻很不幸——丈夫是海员，俩人总是聚少离多，夫妻间的感情越来越淡。孩子出生的第一年，俩人就离婚了。她说，接下来想要寻找一个温柔的伴侣共度余生。

一个女人，一个遭遇不幸的女人，任谁看来都是令人同情的。在有心人的牵线下，她和一个离异的男人闪婚了，婚后他们很快生下了一个孩子。婚后不久，两人就因家庭纷争闹得不可开交。一气之下，她带着不满周岁的女儿躲到了几千公里之外的娘家哥哥那里。

刚回去的时候，大家纷纷劝她回来好好过日子，可偏执的她听不进去任何建议，寸步不让，一定要让男方的父母向她赔礼道歉。男方当然不会照做，就这样拖着，事情过去了好久，所有人都丧失了耐心，不再对她予以理会，她便化作朋友圈中的"祥林嫂"，每天不厌其烦地分享各种类型的"毒鸡汤"，话里话外都在抱怨没有朋友来帮助她，拯救她不幸的婚姻。人的一生本来就是孤独的。很多时候，我们寄希望于别人的救赎，反而会变成自己的软肋，所求不遂后只能沉浸在自己的悲伤里怨天尤人。

这个世界既公平又残忍。任何时候，只要你努力就可以得到足够匹配你的人生。没有谁愿意为你无条件地"兜底儿"一辈子，与其取悦别人，等待着被救赎，不如靠自己。在这个世界上，你若不坚强，没有人替你坚强，只要努力挣扎着前行，所有的软肋终将变成铠甲，抵御你人生中的"刀枪剑戟"。

你的坚持，终将美好

她是我儿时的玩伴，家境不好，上面有三个哥哥。父母重男轻女的思想致使她9岁才上学。她性格内向，寡言少语，在班里常常独来独往。

有一次，我没有出课间操，而她向来不参与这项活动。无聊的我蹑手蹑脚地靠近她，准备吓她一跳。她正在本子上涂鸦，寥寥几笔，一只活灵活现的小猫便跃然纸上。我惊讶地说："你画得真像，简直跟我家的猫一模一样！"

她如同一只被吓坏的小猫，迅速把画藏了起来。或许她察觉我并无恶意，或许我们都喜欢猫，她冲我腼腆一笑："你喜欢吗？送给你！"就这样，我们成了朋友。

不上课的时候，我常常带她去钓鱼、挖蚯蚓，她总会安静地跟在我的身后。我下河摸鱼时，她就拿出本子在河边涂鸦。有时候，她会闪烁着大眼睛认真地对我说："长大后，我一定要当一名画家！"然而，那时的我只知道玩泥巴，买大白兔糖吃，对未来没有任何憧憬。

我们上初中的时候，她的大哥结婚了，家里因为装修房子欠了很多钱。于是，她被迫辍学，靠打工补贴家用。那一年，她15岁，正是花一样的年纪。同年，我考上了县高中。在校园里，我与她重逢了——她穿着大如麻袋的工作服，在强风的吹动下显得愈发瘦小，发白的手正攥着抹布用力地擦着玻璃。我和她没说几句话，她就急着要离开，并向我解释："我晚上还要去一家画室打扫卫生，赶快帮家里还清外债，我就去学画画！"

有时候，我去找她，见到她总是穿着工作服，不是在收拾脏兮兮的桌子，就是拿着比她还高的拖把吃力地拖地。在她和别人合租的房子里，放着少得可怜的行李，整个房间空荡荡的。房间的角落里码着一摞揉皱后被展平的纸，大小不一，都是她在打扫画室时收集的废纸。她开心地对我说："这些都是上好的白纸，我可以用很久！"一时兴起，她便拿起画笔，一笔一画地描画着简单明快的线条。看着她专注的眼神，我仿佛看到了另外一个人。

涂鸦里，有简洁明了的旧房子，繁芜的大花园，一家人围坐在一起吃饭，温馨的气氛油然而起。她往往只需寥寥数笔，一下子就能抓住看画人的思绪，既生动又有趣，还夹杂着几分俏皮感。

画毕，我问她："你为什么要如此坚持呢？"

似乎早就想清楚了，她淡淡地说："因为只有画画能让我觉得人生还有希望。"她的母亲常常让我带东西给她。有一次，我去给她送东西，同屋的女孩告诉我，"她提前去了画室"。我来到画室，发现她正靠着窗户听课，在灯光的映射下，那如痴如醉的模样真美！

之后，我一直处于备战高考的状态，无暇顾及她。直到有一天，她高兴地跑来告诉我："素描老师让我免费旁听，还常常能得到老师的指点呢！"可惜好景不长，老师诚恳地劝她："你的画只能算作涂鸦，离素描还差得太远，不如专心去学一门技术，将来可以找一份适合自己的工作。"我抽空去安慰她的时候，同屋的女孩告诉我，她已经离开了，去了南方……

时隔多年，我们之间几乎断了联系。直到上周，我接到一通陌生来电，是她打来的。她正在筹备自己的个人画展，邀请我去分享她的快乐。

　　闲聊时，我才知道：当年她去了南方，卖过报纸，当过清洁工，甚至当过殡仪员。她唯一没有放弃的就是手中的画笔。一位爱好者无意把她的涂鸦发布到网上之后，迅速得到广大网友的赞赏，没几天工夫，她就在圈中声名鹊起。

　　在此之前，她从未想过有一天自己也会出名。只是，多年的坚持，让她习惯于"低头赶路"，即使一直得不到别人的理解和支持，她也一样咬牙坚持着。正是这种执着，才换来如今的收获。

　　我还听过一个故事，讲的是一位皮雕师的成名经历。

　　出差途中，他经过一个作坊，这是他第一次接触皮雕。

　　那一年，他33岁。店主人精美的雕工令他大为震撼，脑海中即刻萌发了学习皮雕的念头。

　　于是，他从上网查阅资料入手，买了图书，从基础术语学起。上班期间，他是公司的业务经理；下班后，他便推辞了没有必要的应酬，回到家里专心地学习皮雕知识。除了学习理论知识，他还加入了许多微信群，一有时间就翻看大家交流的经验和作品，并记录下有效的信息。没有绘画基础，即使用专业的工具，他也会把最简单的线条画得长短不齐，歪歪扭扭，只能跟着网络教程练习最基础的刀法。为了提高绘画水平，他跟着儿子报了同一个绘画班，刻苦地练习简笔画，即使腰酸背疼也不愿休息。

一年后，他可以在钱包上压出简单的造型了。一次，他兴高采烈地将自己的作品发到群里请大家点评，没想到有人嘲笑说："这么简单的东西，十天就能掌握技巧了，竟然还有人一年才学会……"但他并未丧失信心，为了学习更专业的皮雕技能，他报了皮雕培训班，风雨无阻，从没缺过一节课。

学习皮雕的第三年，他的作品达到了巧夺天工的程度，深受大家的喜欢。如今，八年过去了，他凭借精湛的刀工和高超的技术，拥有了不小的名气，不少爱好者慕名而来。

雨果说："世人缺乏的是毅力，而非气力。"一个人走得多快并不重要，重要的是他能走多远。无论面对的是世人的嘲讽和质疑，还是外界的阻力和磨难，只要拥有坚不可摧的毅力，你一定能走到黑夜的尽头，迎来朝阳的第一缕曙光。

笃定，
成就她的好运气

写作时间久了，自然能结识很多天南海北的朋友。兰兰就是我其中一位志趣相投的好友。她年轻漂亮，喜欢写一些关于美食、旅游、电影、心情之类的随笔，笔下的文字明快而不失深刻。大家是同行，所以平时交流比较多。

做自媒体的朋友在一起，大家聊的话题常常是如何涨粉丝，如何提高公众号的关注度之类的，但兰兰总是特立独行的那一个——她从来不参与这些，只会偶尔在朋友圈里发一些动态，晒一晒新写的书法，拍摄的新作品，读了哪本有趣的书，去了哪些好玩的地方……字里行间都透露着一种鲜活的生活气息。

不知你是否也有这样的心态，坚持做自己喜欢的事情时，总是极力渴望被肯定，被赞美，被认同。当自己遭受质疑，或者看到别人分享的"成绩单"时，总会心情低落，不只一次地怀疑自己，然后陷入摇摆不定的困境中。

每当我看到别人经营的公众号依靠"博眼球"的写作模式吸引了大量读者，我也会焦虑、浮躁，变得更加怀疑自己。这个时候，兰兰总会在微信上气定神闲地给我发来语音："再小的个体，也有自己的品牌，'博眼球'或许能在短时间内收到奇效，但要走得更远，还是得有自己的风格。单纯靠迎合、拉低下限来谋取红利，并不是可行之道。"

去年年底，一位做新媒体的同仁发表年终感言时，说他运营了一个新的公众号，三个月就有了5000多个粉丝，而且粉丝量每天都在自主上涨，他还自豪地炫耀，现在每篇文章的阅读量基本都能突破10万。如今，只是广告代言和商务合作的红利，就能让他轻松实现财富自由。

大会结束后，我好奇地问他是如何做到的。于是，那位朋友就在微信上给我推送了一张名片——他的新公众号。进入公众号，我看到他发布的内容几乎都是诸如如何一夜暴富、如何在三个月内实现年收入三十万元的文章，有的文章中还隐藏了低俗不堪的段子……

兰兰追问："你的粉丝受众是哪个群体？"这位朋友骄傲地说："偏低龄，很多都是初中生，甚至还有小学生。他们还留言，文章很有趣，并发动哥哥姐姐们都来关注呢！"

后来，兰兰私信我，她犹豫了很久，最终还是决定举报那个公众号。

当你的才华撑不起你的野心时，你需要做的是静下心来学习。

不同于我的"三天打鱼，两天晒网"，兰兰有着自己的笃定。她不紧不慢地读书、写字；不慌不忙地收集着优美动人的句子。她会专门去学习摄影，只是为了选用一张称心的配图。不管每天多么忙碌，她都会如约更新公众号的文章。她将自己的文章属性定位为"可用性"，哪怕只是一句话，或者一段文字，只要读者觉得是有用的，她就甚觉欣慰。

我问她："你每天都在做同样的事情，却没有立竿见影的效果，不会着急或者失望吗？"

兰兰淡然地回答："不会啊！我只是把它当成生活的一部分，就像每天吃饭、睡觉一样自然！"

由于长时间处于"输出"状态，她渐渐地发觉自己写出来的文章不再具有当初的灵动性了，于是，她选择了考研，专攻古典文学。从那之后，我们之间也疏于联络了。

再得知兰兰的消息，是我无意中点开人民日报公众号的一篇文章。行文笃定，不附庸，不媚俗，自有一番胸有成竹的气度在其中。看到文末时，我才发现作者竟然是兰兰。原来，兰兰的文章已经获得了公众传媒的认可。最近，她的新书也刚刚上市。

谈起微信的启动界面，张小龙曾说："每个人来到这个世界上都是孤独的存在，都在眺望着那个繁华美丽的、迫切渴望进入的地球，没有人在自己的身边，微信就是那一个联系的渠道。"

其实，努力是一件特别孤独的事情。芸芸众生，有几人能守得住初心，不为外面的繁华所诱惑？如果没有强大的内心、坚定不移的意志，如何成为想要成为的自己？

其实，成功是一件水到渠成的事，只要认准了目标，不慌不忙，不焦不躁地一直走下去即可。亦舒曾说："做人凡事要静。静静地来，静静地去，静静努力，静静收获，切忌喧哗。"而每一个真正优秀的人，都有一段独自走过且不被人认可的路。

拒绝花瓶，
做自己的女王

邻居家的女孩小艾，长相甜美，精致的鹅蛋脸上嵌着一双细细的眉眼，笑起来宛如盈盈湖水中的一捧星光。我们每次在楼道里碰面，小艾总是害羞地躲在妈妈身后，羞怯怯地微笑。妈妈总是责备她不懂礼貌，不爱跟人打招呼。然而，小艾的成绩特别好，还会跳舞，常常被老师在家长会上当作榜样来教育那些调皮捣蛋的学生。

有一年，我大学放假回家过节，邻居阿姨到我家串门儿，谈起小艾便愁眉不展，"小艾迷上了整形，每年都要去韩国做几次手术"。她担忧再这样折腾下去，小艾早晚会毁容。邻居阿姨越说越委屈，眼眶红红的，拉紧我的手，哽咽着说："小艾从小就听你的话，你帮阿姨劝劝她，好不好？"

当晚我就去了小艾家，在客厅里看到一张酷似某明星的脸时，一下子就懵了。简直不敢相信眼前这个锥子脸、欧式双眼皮的姑娘就是当初那个羞怯怯的小艾。经过我一番小心翼翼地追问，小艾这才无奈地说："那能怎么办？男朋友长得太帅，经常有女生搭讪，而我勉强称得上可爱。有一次看电影，他说最喜欢的就是那种锥子脸、大眼睛的女生。所以，我就只好整成这样了。"

听了小艾的话，我倒吸了几口冷气。平心而论，小艾是那种清纯的邻家小妹类型，看起来单纯又美好。这样的女孩子大概是很多男生的梦中女孩，而她却为了男朋友的一句话，便选择放弃做真实的自己。这样一个对自己容貌都不自信的女孩，在爱情里该是多么的卑微啊！

我反问道："如果有一天，他不喜欢你现在这张脸了，怎么办？"

小艾无所谓地耸耸肩："那就再整成他喜欢的样子呗！"

像小艾这样的女孩儿，说得好听是为爱疯狂，说得不客气，就是活得没主见。在恋爱里，一个人若是完全按照对方的喜好来改变自己，那么，爱情刚开始，你注定就是输家。爱情中，谁先丧失了独立思考的能力，谁就放弃了恋爱的平等权，只能像砧板上的鱼儿，待人来宰。

不知从何时起，我们在生活中经常会遇到像小艾这样的女孩。在外人眼里，她们已经足够优秀，可是多年来受到的批评式教育，让她们发现不了自身的优点，常常活在别人的看法中。

我们明明可以选择做自己的女王，却为了一瞬的迷恋，成为别人世界里的附庸。

古龙在小说《小李飞刀》中写道："聪明、美貌、财富，女人拥有其中任何一个都是不幸的。因为，这样的女人，更容易被男人以爱情的名义所利用……"

古龙这段话折射到现实中，也是有一定的道理的。聪明是一种天赋，聪明的女人智商高、反应迅速、逻辑思维强，但聪明并不等于有见识。聪明人容易盲目自信，偏听偏信而导致聪明反被聪明误。有见识的女人则懂取舍，知进退。她们往往善于倾听内心的声音，知道自己想要什么，既不盲目自大，也不妄自菲薄，更不会曲意迎合。无论处于何种境地，她们总能以最优雅的姿态出现，活出独特的风采，做自己的女王。

雅倩是全校公认的校花。论长相，并不是最出众的，但出身于书香门第的她，浑身都散发着一种无法言喻的温婉。上学时，为她倾倒的男生不计其数。然而，她却选择了来自西北地区的寒门子弟。毕业后，雅倩便离开了北京，跟随男孩去了他的家乡——一个偏远的西北山区支教。

几年后，她和老公回北京办事，第一次参加同学聚会。当年的温婉早已荡然无存，取而代之的是一种坦荡与赤诚。艰苦的条件不但掠夺了她的美貌，还影响了她的健康。同学们都怜悯她过得太清苦，然而，她人淡如菊，笑盈盈地对大家说："如果我当年没有离开北京，而是选择跟门当户对的人结婚，我可能会成为相夫教子的小女人，过着别人羡慕的安逸富足的生活。那么，我可能永远都不会知道，原来天空可以那样高远，田野可以那样广阔。更不敢想象，柔弱的我也可以成为别人的依靠。"

后来，她和老公创办了一所职业技术学校，帮助那里的人们脱贫致富。昔日才华横溢的温婉的校花，如今成了西北某职校的领头人，不久前，还被评为全国十大杰出青年之一。

女人一定要倾听自己，投资自己，肯定自己，才能活出精彩，与其等待别人施舍，不如自己去争取。先做自己的女王，然后才是别人的公主。

你眼中的逆袭，
其实是厚积薄发

上周，我们部门组织野炊。很多同事都带了家属，还邀请了已经离职的同事前来参加。那天，我在职岗位的上一任同事也来了。经理美其名曰"扩大交友"，实际上是给我们创造与前任同事交流的机会。当然，我并不会放过任何一个学习的机会。

曾经听同事提起过她，一个劲儿地夸其能干，是一个得力的员工。现在，本人就在眼前，但跟我想象中截然不同。她身材娇小，思路敏捷，说话时语速很快，对方需要集中精力才能跟得上她的节奏。

我们聊得很投机。她告诉我，初中毕业后，她就给父亲接班，进厂当了一名车间工人，和她一起进厂的还有厂长的女儿。厂长的女儿在车间工作了两个月，就被调任为厂长助理。升职后的女孩，曾在公共场合挤兑过她几次，两个人之间的关系非常紧张。清高的她认为，任何靠人际关系获得的东西，都没有什么可值得炫耀的。她努力工作，表现很出色，多次被评优评先，很快便被提升为班长。

几年后，她和退休工程师的儿子结了婚。生完孩子那年，由于学历太低，她复职后的晋升之路异常艰难，何况厂长的女儿刚升职为车间主任，二人针尖对麦芒，岂是一朝一夕就能冰释前嫌的？基于现实的考虑，她便找来家人商量，说出自己的想法——独自去日本打工。听到这儿，我惊讶地问："你怎么不让你老公陪你一起去呀？"

她哈哈一笑："我老公是知识分子，文质彬彬的。他的工作很稳定，比我的情况要好得多，况且儿子还小，公婆也需要有人照顾。权衡之下，还是我一个人去最合适。"

刚到日本时，她对数控设备相当陌生，完全不知道从哪儿开始。然而，她学习能力强，又能吃苦耐劳，经常利用下班时间赶到几十公里外的另一家工厂实习，不断地充实自己。她一边打工，一边自学，琢磨不透的问题就及时向懂行的人请教。她凭借自己的努力，从普通车工做到数控车工。现在，她完全可以得心应手地同时管理三台加工中心的设备了。

"每逢佳节倍思亲",是海外游子最真实的情感写照。想家的时候,她就会联系身在日本的朋友们举行一场小聚会,聊聊天儿,互相诉说内心的想法。大部分人在借酒浇愁,满腹牢骚地抱怨自己拿着最低的薪水、过着最清苦的生活时,她总是沉稳有度,有张有弛。

在场的朋友得知她的工资是他们的好几倍时,大家都震惊了。有人酸溜溜地说:"那你肯定在国内就开过数控设备吧?"

她委婉地说:"我的父亲干了一辈子的普通车床,我是他的接班人。"接着,她补充道:"刚来那会儿,我根本不懂数控,只是一个普通的工人。只不过,我有时候会到其他的工厂帮别人打打下手,慢慢地才了解数控。"

所有的道路都不会提前铺设好,等待着我们去发现,常常是我们在布满荆棘的山野里,走到遍体鳞伤,才能开辟出属于自己的路。

她归国时,国内的网购刚刚兴起。于是,工作之余,她又做起了代购——她在日本市场里感觉不错的很多小玩意儿,在国内居然也很畅销。她的生意越来越红火,便开始开拓更大的市场。现在,她和老公专职做代购,在好几个城市都开了实体店。不久前，她把代购的生意交给老公全权打理，自己忙于筹备新的品牌，生活质量上提升了一个台阶。

不是所有的成功都要靠"背景"，那些可靠的捷径，只会让你暂时少走弯路，能够让你一举成名、实现华丽逆袭的，是坚持不懈的厚积薄发。无论你抱怨或羡慕，浮躁或攀比，都不要迷失自己。凡事有迹可循，人生的路，一切自有安排。

大学刚毕业的小辛，顺利地进入了一家高科技公司。新组建的团队青黄不接，除了几位"元老"就是他们这些新来的毕业生。

实习期刚满三个月，总监就安排小辛负责项目。

小辛很忐忑地告诉总监："很抱歉，我觉得自己还需要历练，目前不足以独立负责整个项目。"

总监笑着说："对呀！所以，我在给你历练的机会呢！"

小辛着急了，脱口而出："那出错了怎么办？"

总监似笑非笑地回答："不出错，你怎么知道从哪里改进！"

怎么办？小辛在平复了慌乱的情绪后，开始制订工作计划。她白天查资料，画图纸，跑现场，向一线的工人师傅请教，学习他们的实践经验，晚上得自行消化，接着学习相关的专业知识。小辛为人谦逊、勤敏好学，同事们都很认可她。因此，她向有经验的同事请教时，同事们也会给她提供相应的帮助，还安慰她："大家都是这么摔打出来的，有了第一次的经历，以后再遇到困难，就能从容应对了。"

在一次独立完成项目设计的过程中，小辛犯了一个低级错误，被领导狠狠地批评了一顿，但她没有气馁，最终出色地完成了任务。虽然她没有完全避免犯错，也受到了批评和惩罚，但是已经从"职场小菜鸟"变成经验丰富的"老手"了。她负责的项目越来越多，完成工作任务的能力也愈发出色。外人看起来的游刃有余，镇定自若，其实都是她用汗水和泪水浇灌出来的硕果。

成长路上，哪有什么捷径？不过是吃别人从未吃过的苦，流别人从未流过的汗而已。与其抱怨命运不公，追逐急功近利，不如沉下心来提升自己，以不变应万变的心境迎接成长道路上的每一个挑战，你所经历过的那些挫折、磨难，早已为你铺就了通向成功的阳光大道。

愿你的不安分守己，
带你走得更远

最近，我刚刚看完一部电视剧——《南方有乔木》。

剧中，女主人公南乔在飞行员哥哥的影响下喜欢上了飞行器。哥哥在一次任务中，为了保护群众的安危不肯跳伞，最终撞崖而亡。这场悲剧发生后，让从小以哥哥为荣的南乔一直无法释怀。于是，不顾父亲的反对，16岁的她就远赴德国留学，学习无人机技术。毕业后，她回国组建了一支自己的团队，创立了"即刻飞行"公司，并醉心于无人机的研制。希望有朝一日无人机能够替代飞行员执行任务，弥补哥哥牺牲的遗憾。

南乔一直坚信国内的无人机市场会一片大好，坚信自己团队的研发技术是最先进的。然而，她带领团队研制的第一批

"凤凰一号"无人机产品投入市场后，退货率竟高达30%。第二批"凤凰一号"无人机产品依然出现了严重的滞销情况。原来，大多数的消费者认为"凤凰一号"无人机的操作手柄太复杂，学飞难度大。

面对这种情况，如何才能让复杂的操作手柄化繁为简，成为普通人都能接受的简单系统？南乔苦苦思索，不得其解。后来，她带着自己的作品，找到了飞行联盟的会长。会长提醒她科技上的进步不是技术上的标新立异，而是给普通人的生活带来便捷，就像智能手机改变了我们的生活方式一样。

得到指点的南乔茅塞顿开，迅速调整思路，转而开发智能化的操作系统软件。经过一番波折，新的系统终于研发成功，并取得了阶段性的胜利，无人机顺利进入试飞阶段。

其实，影响我们的并不是我们不具备这样的能力，而是思维方式以及环境的束缚，固化了我们的思路。有时候我们只需要稍加改变一下环境，转换一下思路，自然而然便会找到科技创新的思路，发现创业的新方向。

我的发小，从小就很会做饭，也很爱折腾。大学毕业后，天生不安分的她，拒绝了朝九晚五的工作，开始创业。她卖过早点，开过米粉店，但这类行当只能勉强糊口，根本不能实现她财富自由的愿望。所以，她经常挖空心思寻找赚钱的点子，后来又开淘宝店、做微商，因为入行晚，基本上是赔多赚少。

心情抑郁的她，就随旅游团去云南旅游。旅途中，她和同行的一个女孩聊得很投机。女孩自豪地说："我已经游遍了中国大部分城市，下一步计划是周游世界。"发小感叹道："真羡慕你有钱，又有闲。"女孩却说："其实，也没有那么难。很多人都喜欢旅游，但并不是所有的人都有勇气丢下工作，潇洒地周游世界。所以，我的工作只是传播自己的旅途见闻。我希望能让更多不能出门，或者不愿意出门的人，足不出户就可以在家看世界。"

发小听完后，立即向她请求："可不可以让我跟你体验一番？"

女孩非常爽快地答应了。然后，她打开手机，开始直播。她们一边走一边讲解旅途中遇见的新奇的事物；体验当地的特色景点、小吃，还会提供方便、快捷、实用的旅游攻略。原来，直播也是一种赚钱的方式啊！

受到启发的发小，回到家后，也开启了自己的直播之路。

发小一直特别喜欢厨艺，常常买菜谱书来钻研。她会把自己做的新菜，拍成精美的照片，发到微信朋友圈以及一些聊天群里，吸引了众多喜欢美食的朋友。于是，发小就把这些人吸收到自己的直播平台里，他们成了她的第一批粉丝。慢慢地，她的粉丝越来越多，有些厨具厂商开始找她代言产品。现在，在我们看来，她只需要每天做做菜、拍拍视频就能获得不菲的收入。

大多数人在熟悉的环境里是看不到商机的，因为太熟悉了，以至于感官不灵敏，缺乏一双发现机遇的慧眼，而到了一个陌生的环境里，则更容易发现新的机遇。

机遇无处不在，有时候我们稍微改变一下环境，转换一下思维，也许就能成为下一个发现商机的"幸运儿"。

学会拒绝，
可以让自己变得更珍贵

上大学时，班里有一位叫孙冲的男生，长得高高壮壮的，性格憨厚，待人和善。因为太好说话了，所以大家平时有什么事，第一时间都会想到找他帮忙。孙冲也是有求必应，从来不拒绝，总是乐呵呵地满口答应。

同寝室的舍友爱睡懒觉，经常让他帮忙到食堂带饭回宿舍。据他说，最高的一次记录，是同时帮七个舍友带午饭。有一天早晨下暴雨，班里的很多同学不想上课，就拜托他帮忙报"到"。因为有男生也有女生，所以很快就被英语老师发现了。他不仅被狠狠地批评了一顿，还被罚站了一节课，后来就越来越抵触英语老师和英语课。期末考试时，由于英语挂科，他便与奖学金失之交臂。

即使这样，他也从来没有抱怨过，仍然保持着这副好脾气。久而久之，大家也都习惯了享受他的付出，对他呼来喝去，只在有需要的时候，才会象征性地对他说几句客套话。

大一下半学期，我们班和其他班组织一起去露营。露营地比较偏远，下了大巴还要步行一段崎岖不平的山路。虽然帐篷是到了地方再跟营地租用，但是山里温差大，大家带的东西特别多，很多男生都吃不消，更别说女孩子了。因此，就有其他班的女生请他帮忙，他自己带的东西不多，但已经帮班上好几个女同学提东西了，早已累得满头大汗。

我和他平时走得比较近，关系还不错，就悄悄提醒他不要逞强，自己已经提了那么多东西了，不能再答应别人了，要学会拒绝。

没想到孙冲还是一副老好人的样子，笑眯眯地随手接过一个女生的行李。那个女生一直说："非常感谢你。"但到了露营地，连一瓶水也没递给他。后来，我生气地质问他："明明已经很累了，为什么还要答应别人不合理的请求？你看，好心没好报，最后连瓶水也没喝到！"

他有些落寞地望向远处，低声说："我长得不好看，又没有什么特长，只是力气比别人大些。大家看得起我才找我帮忙，我怎么好意思拒绝，否则，别人更不会把我当回事儿了！"

这番话直接把我气乐了："正是因为你太好说话了，别人有事找你，你就答应，人家在意你才怪，你只有学会了拒绝，才能让自己变得更珍贵！"

在我们身边有很多这样的人，他们渴望被尊重，渴望得到他人的认同。因此，在别人提出任何要求的第一反应就是忙着讨好别人，迎合别人。他们天真地以为，只要自己付出得足够多，就可以获得对方的友谊。相反，你越是没有原则，一味迎合别人，你在这个集体里的存在感就越低，甚至可有可无。太容易得到的，容易被人忽略，往往不那么珍惜。所以，要学会树立原则，适当拒绝不合理的要求，这样才能让大家关注你，听到你的心声，而不是一个应声虫，随时被人忽略和抛弃。

一段良好的关系，通常是建立在平等的基础之上的，彼此之间进行良性的互动，而不是用好人缘去无底线地帮助别人。能被交换的关系往往不是朋友，而是互相利用的人脉。

小郑是一家国有企业的打磨工。来自农村的他没有什么文化，还是通过劳务输出招进来的派遣工。所以，小郑工作特别卖力，他最大的愿望就是转正，能够成为一名正式工。

　　为了早日实现这个目标，小郑对同事特别好，简直有求必应。不管谁找他借钱，都会尽自己最大的努力，满足他们的要求。刚开始，大家都觉得这个小伙子善良，也很实在。后来，一个爱赌博的工友，居然找他借钱。

　　当时，带他的师傅好心地提醒小郑："不要借钱给他，这个人好赌，到时没钱还你，可就竹篮打水一场空了。"

　　结果，小郑还是把钱借给了那个工友。不管是爱面子也好，还是刻意讨好也罢。总之，那个工友并没有按期把借的钱还上，小郑还慷慨地表示不用还了。原因是那个工友承诺，自己有个亲戚在劳资处，可以帮他如愿转正。后来，竟多次借钱不还，"转正"的事也不了了之。

　　身边的工友听说了这件事，都觉得小郑缺心眼儿，慢慢地就不怎么在意他了。大家习惯了有事找他，没事就对其置之不理的状态，借钱不还，也成了常事。久而久之，小郑在工友圈里，成了可有可无的透明人。

　　师父临近退休，推荐小郑接替他班长的位置。人资处来调查时，很多工友表示，小郑虽然工作出色，但在识人方面没有原则，恐怕难担大任。于是，大好的机会，就这样白白错过了。

如果小郑及时拒绝工友的不合理要求，这次提干的事情也会顺理成章，水到渠成。正是因为他一直没有原则地迎合他人，才让所有的努力都泡了汤。学会拒绝，不仅可以让自己变得更珍贵，还能在大是大非面前，及时让大家看到你的优点。守住你的底线，坚持你的原则，才能赢得真正的尊重和认同。

第二章

爱你一天，就对你有一天的温柔

你一边流泪、
一边努力的样子真美

小吴说要独自旅行一段时间，身边的朋友都投来了羡慕的眼光。羡慕她有钱有时间，老公疼爱，公婆通情达理，还有人帮她带孩子。小吴结婚七年，一边拿着不菲的薪水，一边还能时不时来一场说走就走的旅行，过着大多数人向往的生活。

看到朋友们羡慕不已的眼光，小吴勉强笑着说："我也不是经常出去，只是最近遇上了烦心事，想出去散散心。"

朋友们酸溜溜地揶揄道："你的日子多自在啊！这样还烦恼，那我们都不用活了。车贷、房贷、孩子抚养费，单拎一件儿都压得喘不过气。况且你还有钱和时间去旅行，真是叫人羡慕！"

　　小吴却一脸无奈地说："你们只看到了我表面的光鲜，却看不到我现实生活中的苦和泪。"

　　小吴和婆婆的相处并不融洽。结婚以来，小两口一直住在婆婆家，小吴的老公家境优渥，家中还有一个受尽宠爱的妹妹，而自己的家庭条件较差。只要她招惹了小姑子，哪怕是一点儿鸡毛蒜皮的事，婆婆都会不分青红皂白地当众呵斥她一番，一点儿情面都不留。长期处于这种家庭环境中，小吴伤心也是在所难免的，但她并没有因此而沉沦。她认为，面子需要靠自己挣，而不是靠别人给，自己没有偷也没有抢，完全凭自己的本事生活，只要做好自己该做的就足够了，没有必要讨好别人。

　　听了小吴的遭遇，大家唏嘘不已。

　　生活给予了我们苦难，依赖别人，只能让弱者更弱，唯有依靠自己，才能掌控人生，活得漂亮。在困难到来的那一刻，我们每个人都是弱者。

　　痛吗？真痛！苦吗？真苦！说不痛，不苦是违心的。人活着都不容易，要活得比别人好，更不容易！人生不如意十之八九，每个人都有自己迫不得已的苦衷，生活给了我们太多的不幸，谁不是一边流泪，一边用力生活。痛哭之后，我们还得若无其事地继续前行。

　　成年人的世界有着太多的心酸和不易，压力、责任以及家庭的重担，压得你疲惫不堪。虽然曾经有过无数次想要逃避和放弃的念头，但为了给最重要的人撑起一片无风也无雨的天，想到这个月孩子的生活费有了着落，想象着孩子绽放的笑脸，想到父母日益增添的银发……即使再苦的日子，你也会微笑着走下去。然后，故作轻松地对家人说："没事！一切有我。"你义无反顾地负重前行的样子，真美！

　　很多时候，眼前的痛苦和困难都算不了什么，最重要的是我们没有丧失信仰——一个可以为了孩子强大到无懈可击、不被困难所打倒的坚定信念。

　　一次闲谈中，主任向我讲述了他自己的经历。主任的老婆怀孕的那一年，他们的日子过得特别清苦。那时，他刚工作两年，手里只有几万块钱的积蓄。为了给孩子一个温馨安稳的家，夫妻两个人东拼西凑买了一套几十平方米的二手房。生活前景堪忧，可是日子还得继续。

　　眼看着怀孕的老婆愈发辛苦，主任心疼不已。为了给老婆买点儿新鲜水果，主任自己吃了整整一年白米饭加花生米。米饭是早上在家里蒸好的，而花生则是从老家带来的。即使如此，主任依然每天都沉浸在初为人父的喜悦里，从来没有抱怨过。他坚信，自己有能力让家人过得更好，而这一切也正朝着他所希望的方向发展着……

面对生活的困境，重要的是保持对生活所有美好的信仰和期待。正如罗兰所说："最可怕的敌人，就是没有坚强的信念。"

人生总是充满奇迹，有时看似比登天还难的事情，只要具备了坚定不移的信念，任谁都可以轻而易举地攻克它。

电影《无脚鸟》中，男主人公赵卫健和妻子洪丽是一对"北漂"夫妇，一场无情的车祸，摧毁了温馨的三口之家。妻子的身体受到了严重的创伤，瘫痪在床，状态也极不稳定，时常没来由地失控，6岁的女儿也无人照看。他每天除了要照顾妻子和女儿之外，还得努力工作来养家糊口。

整部影片中，对话寥寥无几。为了能够维持正常的家庭生活，白天，他请保姆照顾重病的妻子和年幼的女儿；晚上下班回家，他还得拖着疲惫的身心，安抚妻子时好时坏的情绪，给妻子擦洗、喂饭，再哄女儿睡觉。每天都在单调地重复着的生活轨迹，足以让人压抑到疯狂。仅仅是努力地生活，就已经花掉了他所有的力气，更不要提停下来畅想人生了。

或许在某一时刻，他也想过放弃，想过逃避，但最终一定是爱战胜了一切。他割舍不了对妻子的那份责任和牵挂，也没有丧失对生活的热情，而是一边默默安抚癫狂的妻子，一边用力生活。他流着眼泪默默承受，负重前行。泪中带笑、不离不弃的赵卫健，真美！

哪有什么岁月静好，只不过是有人替你负重前行！生活也许比你想象中的还要艰难，但不怕，因为我们还有咬牙坚持的理由——因为爱，心系着诸多牵挂；因为信念，让我们生出无限勇气，即便跪着也要走完全程。

高级的人生并不是拥有多少资产，而是身处困境还能努力向上。放弃并不难，难的是明知前路艰险，还要咬牙硬挺。越努力越幸运！虽然坚持很难，但只要挨过最艰难的关口，接下来的人生就一马平川，因为这个世界上再也没有什么挫折能够打倒你！

孤独是一个人的清欢

　　年少时的耿乐，性格孤僻、不爱说话，常被同龄的女生孤立，当然，也包括跟她同吃同住的舍友。每当大家有说有笑，或玩得很开心时，只要耿乐一出现，她们立刻鸦雀无声了，直到耿乐慢悠悠地走过去，才会恢复刚才的热闹场面。

　　比起一群人的嬉笑打闹，耿乐更喜欢一个人的独处。她总是独来独往，如同仗剑天涯的独行侠，根本没有什么不适感。一次，她的男同桌好奇地问她："你为什么不和大家一起玩？总是独来独往，你不会觉得寂寞吗？"

　　耿乐矫情地回答他："孤独是一个人的清欢，清欢是一群人的孤独。"男同桌不屑地说："一个人的孤独也是清欢？你都被大家孤立了，还有什么好得意的？"

在大家眼里，耿乐一直特立独行。别人讨论偶像剧时，她一个人躲起来读三毛的《撒哈拉的故事》，看余秋雨的《文化苦旅》，或者翻阅路遥的《平凡的世界》……

作为勉强和她谈得来的朋友，我也曾好奇地问她："一个人待着不会无聊吗？"

耿乐眉眼弯弯，笑着说："一个人觉得无聊，只是因为无事可做。可我有很多想做的事情，自然不会觉得寂寞。躺在屋顶看星星；一边听音乐，一边阅读喜欢的书，再写一首小诗；或者什么也不做，只是静静地待在一处，也是一种很自在的享受！"

耐得住寂寞，才能守得住繁华。耿乐从来不会因为外界的环境而改变自己的心境。在她心里，独处只是她选择与世界相处的方式，代表了她一个人的时光，是静立于世界的娴静和平淡。

一个人连独处都可以过得很好，还有什么不能克服的困难呢？

吕静参加工作的那一年，一个人来到深圳，没有朋友，也没有丰富多彩的生活。每当夜幕降临时，身边的同事都会打扮时髦，相约去泡吧、K歌或者到夜场蹦迪。开始，他们也会关照吕静，可是每次都被她委婉地拒绝了。时间久了，大家便觉得她不合群，慢慢地疏远了她。

在同事们的意识里，吕静被大家孤立肯定会伤心难过。出人意料的是，吕静上班时碰到每个同事，都像往常一样温和有礼地打招呼，仿佛那些若有若无的疏离根本不存在。

后来，一位合租的同事无意中看到了吕静下班以后的生活。

当偌大的办公室只剩下吕静一个人的时候，她播放了一段舒缓的音乐，在夕阳的映衬下练着瑜伽。街道上是车水马龙的喧嚣，在静谧的大楼里，吕静就像一尊被光与影投射的雕像，透露着一股从容和洒脱。在好奇心的驱使下，同事心血来潮同她一起下班。走过天桥，吕静带她去了常去的书屋，她们在那里度过了一个小时的快乐时光；路过回家的菜市场，吕静一边买菜，一边同卖菜的大姐聊天儿；经过巷口时，还逗了一会儿老阿婆脚边的小狗，这才优哉游哉地回到租住的小屋……

夜晚，当吕静坐在桌边敲字的时候，室友端了杯水进来，好奇地问道："这就是你下班后的全部生活吗？每天看到的都是这些人，重复一样的事儿，你不觉得寂寞吗？"

吕静沉默了一会儿，澄澈的眼神中夹杂着一丝笑意："那你换下职业装，去娱乐场所不会觉得很乏味吗？"

室友不假思索地回答："怎么会？每天都会发生不一样的

事情，也会碰到不一样的人。"

"散场之后，回到家里只剩你一个人呢？"室友陷入了沉思。

在这个繁华的都市里，每个人都像一片无根的浮萍，很难找到可以依靠的浮木帮助自己在海浪中扎根成长，走过这段暗淡无光的路。

因为害怕孤独，连吃饭、逛街、上厕所都想要有人陪；因为害怕孤独，所以花费大量的时间交友，参加聚会；因为害怕孤独，所以才要紧紧地抓住每一个狂欢的机会。狂欢后的午夜街头，如同散场后的电影院，空气里散落着无尽的落寞。你常常一个人拖着疲惫的身体回到空荡荡的房间，没有人陪伴，没有人倾听自己的心里话，空虚感更甚。于是，繁华的都市里出现了各种各样的陪聊方式，参与其中的人企图通过抱团取暖来慰藉那颗孤独的心。

在知乎上，有人提问："当你被孤立时，为什么不选择反击而总是隐忍？"其实这种情况，我在大学时就深有体会。

我刚上大学时，对于即将开启的大学生活感到新鲜、好奇和刺激，很长一段时间都醉心于结识各种各样的朋友，走到哪里都呼朋引伴。时间久了，我开始对这种生活感到无聊，越来越迷茫。当别人去自习室学习，自己也装作努力的样子跟到自习室，其实我根本不知道自己想要什么，应该做什么。

后来，因为意见不合，我和朋友们闹了别扭，渐渐地被孤立到圈子之外。初时，很长一段时间我都沉溺在低落的情绪中，不能自拔。慢慢地，习惯了一个人的孤独，我反而觉得这是一种莫大的享受。

很多人结伴而行，或许路上很快乐，却不一定能走得很远。因为这或许并不是适合你的路，也不是你想要遇见的风景，只是盲从地跟在队伍里。只有孤独的时候，才可以让一个人的心慢慢沉淀下来，卸下所有的伪装，扒下逞强的外衣后，才能在清醒的状态下认清自己。

人生注定是一场孤独的旅行，没有人会一直陪伴着你，成长的路需要我们自己去走。就像雨滴在下落时，撞在一起汇成一滴，又落在屋檐或是地面上，飞溅为两滴、三滴……最终向着各自的方向流去。我们要学着习惯孤独，习惯没有人打扰的日子，制造一个和自己独处的空间，享受心灵充实到极致的境界，让寂寞的岁月不再彷徨，让迷离的境地不再随波逐流。

输了爱情不要紧，
别输了人生

　　那年夏天，26岁的芝芝去武汉看程浩。程浩从来不当着她的面接听电话，无意中看到他的手机通话记录里备注为"10086"的联系人，居然是个手机号，芝芝的第六感告诉她这件事不寻常。

　　后来，芝芝用朋友的手机拨打了"10086"。电话接通后，传来了动听的女声"喂"，芝芝瞬间蒙住了。直到对方骂她"神经病"并挂断电话，芝芝才反应过来。朋友给她出主意：趁程浩不注意时，偷偷用他的手机给"10086"发条暧昧信息，看看对方如何回复。还没有等芝芝实施朋友的"计谋"，对方已经主动找上了门。原来，"10086"是程浩研一的小学妹。在此之前，芝芝已经和她见过两回了。

　　这天中午，芝芝正和朋友逛街就接到了程浩学妹的电话，她指名道姓要见芝芝一面。于是，芝芝便约她在商场里的星巴克见面。芝芝点了杯咖啡，女孩刚见她就得意扬扬地说："程浩已经对你没感觉了，我是来告诉你不要再缠着他了。他是个仁义的人，不想跟你撕破脸。聪明的话，你还是自己退出吧！省得到时候难堪！"

　　芝芝拿着吸管搅动着杯里的咖啡，心里一阵烦躁："既然如此，程浩为何不自己来见我？"

　　女孩傲慢地仰起了头，嘴角一撇，如数家珍地向她炫耀："施华洛世奇的项链，程浩两万块钱买的；最新款的苹果手机，程浩买的；还有这个，这个……"

　　芝芝面无表情地看着女孩摊在桌上的一堆"战利品"：手绘包包、情侣手机扣、纯银尾戒……她的内心在滴血。当初，程浩说想留校任教需要两万块钱，芝芝二话不说提前从公司预支了一万块工资，又找同事借了好几千才凑够了两万。没想到，他居然是为了追女孩！她不甘心，一定要找程浩问个究竟！

　　当天下午她就回到学校，一直拨打程浩的电话，没想到程浩居然关机，赖在男生宿舍楼里死活不愿意出来。万般无奈，芝芝只能挨个儿给他的舍友打电话。迫于大家的压力，程浩这才勉为其难地接电话，气冲冲地对她嚷："我爸妈想让我找个学历高的女孩，我们俩不合适。再说了，给我钱花，是你自愿的。至于把事情闹得这么大吗？我真看不起你！"

听着程浩在电话里不耐烦的语气，芝芝紧咬着下唇，努力没让自己哭出来。没想到，这么多年的付出，只换来对方一句"看不起"。挂掉电话，她全身的力气好像都被抽走了，无力地将头埋在膝盖里，在男生宿舍楼前的台阶上坐了好久才红着眼离开……

很快，朋友知道了芝芝的事，她义愤填膺地吵着要找程浩还钱。芝芝却异常冷静地拉住她说："算了，当年我因几分之差，与二本院校失之交臂，只读了大专，没想到如今被人嫌弃，我无话可说。输了爱情，但并不代表输了人生，没有什么大不了的！"

第二天，这个倔强的姑娘乘坐第一班回上海的火车离开了武汉。从那之后，芝芝和朋友断断续续地联系了几次，后来就再无音讯。

朋友今年到上海参加行业展销会，在人头攒动的会场中，忽然看到了一袭红裙的芝芝。她瘦了，白了，整个人明媚而自信，与以前大相径庭。

接下来的几天，芝芝开着她的奥迪轿车带朋友把上海吃遍逛遍。在外滩看夜景的时候，朋友拍着芝芝的座驾说："本来还想问问你这几年过得如何，不过，现在看来，就没有必要再多问什么了。"

芝芝脸上浮起明朗的笑容，气定神闲地说："其实，我应该好好感谢程浩。要不是他当年的无情，我怎么能变成如今的样子？是他彻底地改变了我，让我赢得了另一种人生。"

看着芝芝若有所思的样子，朋友忍不住多了一句嘴："你不会还在想着他吧？那个人渣有什么好？"朋友愤愤地替芝芝鸣不平。

芝芝满不在乎地回答："程浩呀？我早就不在意了。那时候，我最大的念想就是嫁给他，爱得卑微到尘埃里，倾尽所有对他好，他却对我无情无义。不过，也是他让我看清了自己当初到底有多差劲儿，从而燃起了我的斗志，才能遇见如今的自己。"

二人沉默了一会儿，朋友关切地问："这几年你一定吃了很多苦吧？"

芝芝微微一笑，说道："其实也不算什么。当初赌着一口气，一定要活出个样子给他看，就去做了销售。开始摸不着头绪，只顾一个人横冲直撞，跌倒的次数多了，就学会了如何应对形形色色的客户，以及层出不穷的突发状况。"

朋友接着说："是啊，不是他，哪来如今闪闪发光的你！不过，这样的你真好！"芝芝哈哈大笑。

其实，芝芝原本是个内敛的人，平时不爱说话。在销售行业没有资源，没有人脉，为了业绩，她咬牙强迫自己跟不同的人打交道。一天不知道要打多少个电话，有时候为了别人的一句"有意向"，累得虚脱。刚做销售的那段日子里，别人一般工作8个小时，她14个小时以上的时间都持续着满负荷的工作状态。回到家沾床就能睡着，根本没有时间和精力去想念那个人。直到习惯了这种状态，慢慢地，她才看淡了许多事。

回想曾经不知道如何跟人打交道，到如今与人谈笑风生间就能签下几千万的订单。在她的认知里，那些曾经做过的傻事不过是通往成功道路上的垫脚石。她自嘲道："哪有什么忘不了的人，哪有什么治不好的伤。我只不过是把别人给的'一记耳光'转化为前进的动力。"

年轻的时候，谁不犯点儿傻，谁没有错爱过一两个人。如果不是一场无情的背叛，你如何知道自己的生活除了一段潦草的爱情还有一种热烈的人生追求。只有经历过伤痛和惨淡，才有可能放手一搏，赢得更好的自己。到那时，你可以坦然地站在他面前感谢他，感谢他激发了你无限的潜能，让你体验到了生活中的另一番精彩。

你的焦虑，
只是因为不用心

　　主任最近工作状态不佳，开会时心不在焉的，总被领导点名批评。他负责的项目也有层出不穷的问题，不是材料出了质量事故，就是施工时出现小的安全事故，幸而没有造成人员伤亡的重大事故，否则后果不堪设想。

　　目睹主任的现状，大家都很着急。要知道，主任出了差错，底下职员的日子也不会好过。于是，大家提议下班后去聚聚。

　　几杯酒下肚，主任看着一起聚会的"90后"，这才颇为感慨地道出了最近的烦恼。

　　其实，主任的年龄并不大，今年刚33岁，只是由于工作压力过大，头发掉得厉害，看起来比较显老而已。最近，主任刚付了新房首付，又贷款买了车，在这个人才济济的大城市也算得上白领阶层，属于"80后"中的佼佼者，最起码比我们这些一穷二白的单身人士不知道强了多少。

主任本来对自己这几年取得的成就还算满意，可是，在参加完同学会后，他的内心五味杂陈。班上曾经最不起眼的、没考上大学的同学，如今摇身一变成了老板，开豪车，住别墅，而自己的满腔热忱，却被残酷的现实泼得透心凉。饭桌上，听着别人都在为自己的创业经历侃侃而谈，主任却只能一个人喝闷酒。他说，他现在都不敢参加同学会了，不敢见老熟人，更怕看到微信朋友圈里朋友的新动态。

主任一边喝酒，一边发牢骚："每次看到朋友圈，那些以前还跟我在同一起跑线上的人，早已实现经济自由，满世界旅游了，而我还在为一家人的生计拼命地奋斗着。不上班，下个月的贷款怎么还？没收入，孩子兴趣班的费用拿什么缴？我明明已经很努力了，为什么还是被朋友们甩得这么远？"主任越来越焦虑，工作自然静不下心来。当然，这也直接导致了最近"四面楚歌"的情况。

其实，类似主任这样的焦虑，很多人都遭受过。你努力工作，不敢生病，不敢早退，不敢迟到，一年到头都在忙碌。辛辛苦苦攒了几年首付,到售楼中心一看,房价的涨速比工资翻倍的速度快得多。

单位某同事工作不出色,"微商"却做得风生水起。由于生意火爆,她辞去了工作,专职做起了"微商"。最近,她不但租了大仓库存货,还专门雇了人发快递。相比之下,工作出色的阿兰几乎没有朋友,没有爱好,更没有额外的收入。

过了30岁的阿兰,还在为了那份维持生计的工作苦苦挣扎着,没有升职,没有加薪,没有"斜杠青年"的经历,她的人生从此被钉在了平庸的十字架上。看到更出色的朋友后,她所有的努力在他们面前简直不值一提,所以,她焦虑了。

她明明已经很努力了,为什么还是焦虑不已?答案呼之欲出——她只是漫无目的地忙碌,而不是真正的努力。真正的努力不等于勤奋,也不等于忙碌。在这个功利的时代,我们渴望通过努力的结果获得他人的认同。只是,在结果到来之前,我们所有的付出其实都是盲目性的。于是,面对同一份工作,有的人不求有功,但求无过;有的人只希望按时完成任务,到点下班;而有的人却能苦中作乐,发现工作的乐趣,不断钻研、创新。工作不分贵贱,梦想不论大小。看似简单的工作,往往蕴含着大智慧。起初可能都是盲目的,最后拼的却是用心。

　　还记得三个建筑工人的故事吗？一位记者到建筑工地上去采访时，分别问了三个建筑工人一个相同的问题："你正在做什么？"第一个工人埋头苦干，头也不抬地回答："我正在砌一堵墙。"第二个工人习以为常地说："我正在盖一座高楼。"第三个工人干劲儿十足、神采飞扬地说："我在为人们建造漂亮的家园。"记者觉得三位建筑工人的回答很有趣，就将其写进了报道。若干年后，记者在整理过去的采访记录时，发现了多年前的采访，三个不同的回答让他产生了强烈的好奇心，这么多年过去了，不知道他们过得怎么样了。几经周折，作者终于找到了他们。三人的现状令他大吃一惊：当年第一个被采访的建筑工人依然在砌墙；第二个人是画图纸的工程师，正在现场指导工作；第三个人是一家房地产公司的老板，前两个人正在为他忙碌着。

　　虽然努力工作和用心工作都是在付出，不过前者是盲目的重复性劳动，后者则是不断地总结、创新，有眼界、有目的的蓄势着，最终"量变引起质变"，迎接属于他的色彩斑斓的事业。如果你明明很努力，却依然摆脱不了平庸的焦虑，那么，你可能只是看起来很忙碌罢了。

　　去年，我在一次企业管理的培训课上，认识了一位姓杨的讲师。课上，她和我们分享了自己的创业契机。

杨老师之前在一家小公司做文员，岗位职责就是整理资料和收发文件。工作中，她需要和多个部门对接，在整理散乱的纸质资料和数据库的时候，由于电子表格使用不熟练，她常常要加班到很晚。为了提高工作效率，能早点儿下班，她开始利用业余的时间研究电子表格，尤其得解决如何将电子表格做得又快又好的困惑。为此，她买了大量专业的工具书，掌握了很多的实用技能。这些方法不但让她提高了工作效率，还让她获得了满满的成就感。

一次偶然的机会，她在网上看到有很多人都遇到了与自己类似的困难，就把自己的经验分享给了大家。没想到，居然有很多人慕名而来，专门在网上向她请教问题。请教的人越来越多，她干脆在网上开课，做起了讲师。如今，她早已成为业界的金牌讲师。成千上万的学习者通过她的课程获益，而她也利用自己的学习成果，成功地实现了转型，创立了自己的事业。

不要再为自己的努力没有结果而焦虑，因为你只是看起来很努力，并没有用心。真正用心的努力，是从迷茫中寻求突破开始，不断地探索正确的方向，再义无反顾地学习解决问题的技能，属于你的成功将水到渠成。

成长之路，
你要慢慢来

周末，我带孩子去学习小提琴。路途稍远，我总会提前几分钟到达。那天，刚好碰到新同学来试课，老师正在考核新同学的学习进度，于是，我们就现场观摩了一会儿。

女孩是和妈妈一起来的，她看起来很文静。妈妈说："孩子今年刚上初中，过几个月要考小提琴七级，想请专业老师指点迷津。"

老师是省乐团退休的老艺术家，面对专业一丝不苟，甚至有些苛刻。她爽朗地笑着说："既然要考七级，那就拉一个七级的曲目听听吧！"

小女孩扭捏了一会儿才开始拉琴。她拉的是一首三分钟的曲子，中途停顿了三次。这首曲子恰好也是我女儿的练习曲，才学了一年小提琴的女儿，现在已经拉得很流畅了。而这个准备考七级的孩子，居然拉得磕磕绊绊，中间没有一个音在调上，而且夹琴的姿势也不对，只能算入门级的水平。

听到这里，老师的神色慢慢冷峻起来。女孩实在拉不下去了，忍不住哭了起来。她妈妈很尴尬地解释："我们在学校学习了六年的小提琴，经常参加演出，只是现在手里没有七级的书。"

老师很干脆地说："那就随便拉个曲子吧！"

然而，女孩依然拉得一塌糊涂。

女孩的妈妈坐不住了，一脸急切地说："她现在用的只是5000元的琴，我们正准备换18000元的琴。换了琴，拉出来的效果应该会很好的。"

老师没有理会，默默地拿起我女儿的练习琴，即兴拉了一段《梁祝》，琴声袅袅，婉约清扬。曲毕，老师面无表情地告诉女孩的妈妈："这是600块的练习琴。很抱歉，您的女儿我教不了。"

女孩的妈妈急得不行："老师，您一定得帮帮她，再过几个月就考级了，您不教她，她肯定考不过。"

老师平静地说："考不过就再多学几年。"

听到这句话，女孩的妈妈果断回绝："那可不行，我们邻居小女孩跟她同时学小提琴，人家今年都要考八级了。"

"您让孩子学小提琴的目的是什么？"老师貌似无意地问了一句。那位妈妈不假思索地回答："那还用说，当然是考级啊！级别越高才能有更多的演出机会，不是吗？"

老师很无奈地叹了口气，摊开手说："正因为这样，我才教不了。学小提琴是需要长期坚持的一件事，孩子从一开始就没有打好基础，如今只有几个月的学习时间，时间短，任务重，根本不可能有精力去矫正细节。而您的意愿又如此迫切，孩子学习的效果估计不能达到你的期望值。"

常常听到很多家长焦虑的声音：邻居家的孩子特别有出息，九岁就已经获得钢琴十级的证书了；谁家的孩子四岁就开始学围棋；谁家的妈妈给两岁的幼儿报了早教班……全天下的父母恨不得把孩子一生要学习的课程，全部提前塞进他的小脑袋中，让孩子的起步远远早于同龄人，开启一扇扇大门，迎接一个个不可思议的人生多选题。然而，没有一个人能够以二十岁的心智，拥有六十岁的经历。

成长是一个不断学习、不断积累、自我修正、自我完善的缓慢过程。虽然张爱玲说过出名要趁早，但揠苗助长完全没有足够的时间完成自我修复和自我完善的阶段。这样的人，无论是在心智上还是品性上，都无法抵挡外来的诱惑，从而更容易偏离最初的方向。

前一段时间，一个亲戚给我打来电话说："五岁的女儿要到北京参加比赛，请大家发动亲朋好友帮助她在网上投票。"于是，那段时间，所有的亲戚都给朋友、同事打电话。

后来，亲戚说女儿被某著名导演看中，有幸参演了一部电影。电影上映后，小女孩因为长相甜美获得了观众的好感，从此正式出道，迈入了演艺界。

为了陪女儿在北京谋取发展，女孩的妈妈放弃了幼儿教育的工作，留在北京一心一意地照顾女儿，顺理成章地担任了女儿的经纪人一职。

看到自家孩子有出息，亲戚们也与有荣焉。每到逢年过节之时，经常有人到她家串门儿，想让自己的孩子沾沾运气。女孩的父母为人质朴，没有因为女儿的成名而发生多少改变，任谁去了都是热情款待。然而，她的女儿像是变了一个人似的。

原本乖巧可爱、伶牙俐齿的小姑娘，面对大人们的问话也是爱答不理的。偶尔回答一句，也会嗲声嗲气地摇头晃脑。开始的几次，大家觉得她年纪小，又那么有出息，而且摇头晃脑的小模样也着实很萌，于是，大家付之一笑，并没有在意。

慢慢地，孩子们都跟大人说不愿意和她玩。因为她太傲气，经常指挥他们干这干那，稍不如意就勃然变色，很难相处。

有一年，几个相熟的亲戚聚会，家中辈分高的奶奶特别想看她演的电影。小姑娘像只骄傲的孔雀，现场摇头晃脑地卖弄了一番，大家也都很"给力"地捧场，耿直的奶奶却说："表演挺好，就是说话时摇头晃脑的毛病得改改！"

小姑娘当场发飙："你个土包子，凭什么对我的演技指手画脚？"

七十多岁的奶奶被呛得面红耳赤，下不来台，女孩的妈妈也很尴尬，聚会不欢而散。那年，女孩七岁。她的父母并没在意那位老奶奶的话，认为孩子只是太喜欢表演，把生活也当成了拍电视剧而已。

成名过早是把双刃剑，稍有不慎，高起点也只能迎来低配的人生。在演艺这条路上，如果不适时提升自己的演技，便会遭受观众的诟病。女孩一味夸张的表演，让很多跟她合作的演员纷纷发声"吐槽"。网络上的批评声也此起彼伏，说她爱表现，说话嗲声嗲气，很做作……昔日聪明伶俐、呆萌可爱的小女孩，形象坍塌，成了人们眼中的反面教材。

　　饭要一口一口地吃，路要一步一步地走，你以为的捷径，不过是别人的厚积薄发。当能力不能匹配你疯涨的野心时，便越容易偏离最初的设想，酿成不可挽回的苦果，而循序渐进，按部就班反而更容易达到高效率的节奏。有时候，慢慢走，反而是最快的成长。

嫉妒，
只会让你更丑陋

末末和南晨的家只隔了一条街，但两家的距离不超过100米。每次周末返校，末末都会经过南晨家，然后两个人一起去十几里外的学校。

南晨成绩好，人也漂亮，关键是性格好，从来不会生气，见面还未说话就先笑语盈盈了。所以，她在学校里特别受同学们的欢迎，大家有问题总爱找她解答。

末末和南晨在同一个班，尽管她学习很用功，可无论如何努力，成绩也只能徘徊在班里的第十名左右。不管自己做什么事，都好像是为了给南晨作陪衬，这让她特别苦闷。久而久之，性格本来就有些孤僻的她，变得更加阴沉，给人的感觉特别冷淡。在学校里，她总是那个不起眼的人。

当然，南晨的优秀难免招来了许多人的不满。常常有女生私下嚼舌根，说南晨爱表现，喜欢出风头，等等。听到这种闲言碎语的时候，末末心里反而会出奇的舒服。

有时候，嚼舌的人怕她们的对话被末末听见传到南晨的耳朵里，事实证明，即使不小心被末末听到了，什么事儿也没有发生，干脆就把末末也拉进了她们的阵营。

某天课间，一个八卦的女生偷偷告诉末末："你和南晨关系那么好，她居然在背后说你胖！这还是不是好朋友？你可从来没有说过她的坏话呀！"

原本末末就嫉妒出色的南晨，但毕竟两个人的关系还不错，便一直没有捅破这层窗户纸。没想到，南晨两面三刀，居然戳她的痛处——在背后说她胖。就在她铆足了劲儿想让南晨出丑的时候，南晨家里出事了——她的妈妈出了车祸，在送往医院的路上不幸去世了。

那段时间，南晨一直沉浸在悲痛中，上课总是心不在焉的，成绩一落千丈。期中考试刚结束，被嫉妒冲昏了头脑的末末就得意地对她说："你这次考试还没我考得好呢！"

好朋友非但没有一句安慰的话，反而炫耀自己的成绩，南

晨瞬间哭得像个泪人似的。看着南晨伤心的样子，末末感到前
所未有的舒坦，她觉得格外解气，所有的"委屈"在这一刻都
得到了前所未有的释放。

南晨的眼泪如同打开"潘多拉之盒"的魔咒，释放出了末
末心底潜藏已久的恶魔。多年来压抑的憋屈、不平，早已扭曲
了她的正直和善良。她恨不得利用一切手段，毁掉南晨那张漂
亮的脸蛋，撕毁那张"魅惑人心"的美丽人皮。

她不仅编造南晨考试作弊、待人虚伪的流言，还杜撰了南
晨背后说别人坏话的行为，甚至造谣南晨和校外的不良少年陷
入早恋的恶毒言论。没想到，毫无根据的谣言，却让事态失去
了控制。班主任、学校领导纷纷找南晨谈话，任凭南晨如何解
释，都无法根除这些流言蜚语，品学兼优的她突然之间从"学
霸"变成了人人嘲讽的问题少女。深受折磨的南晨再也无法承
受，患了抑郁症，不得不休学接受治疗。

嫉妒就像一条毒蛇，牢牢地盘绕在末末的身上，吐着红色
信子，不断啃噬着末末的心，将她卷入永无宁日的漩涡中。

刚刚踏入职场的子君，还保留着学生的天真稚气。只要别
人稍微对她示好，她便把对方当亲人一样，什么都聊。当然，
"吐槽"最多的就是她的顶头上司是如何压榨，如何阿谀奉承

上级的小人行径。

那时，她自认为关系最好的是同一部门的李梅。李梅毕业于一所三本院校，比她早入职一年，已经做了一年的助理会计师，为人比较亲和，工作上常常帮助子君，有时候还给她带自制的煎饼。

年底的时候，财务部主管休产假回家了。于是，主管的位置就空缺了，子君虽然实习期刚满，但毕业于"985"院校的她，学习能力很强，职业素质又高，公司就把她列为重点培养的对象。

从那之后，李梅就开始对她产生了若有若无的敌意。然而，不拘小节的子君并没有意识到李梅的变化，还是和以前一样大大咧咧地和她吐露心中的不快。

经过人事部的调查，子君顺利通过初评，却并未通过公司的内部审核。后来，子君从相熟的师兄那里得知，她们部门有人给公司写了举报信，罗列了她的很多缺点，主要是质疑她的经验不足难以胜任，跟同事关系不和睦，等等。部门经理也在意见批示那栏批示了"历练尚待提高，业务还不精熟"的评语，同时还举荐老员工李梅，工作勤勤恳恳，几乎没有出过差错。

当然，最后李梅和子君都没有被选上。子君没有把这件事放在心上，渐渐地便忘却了。几年后，子君工作努力，又爱钻研，竟然得到了原来部门经理的赏识。那次同经理一起吃饭时，子君无意之间得知当年李梅写了检举信，还把子君私底下的抱怨统统告诉了部门经理的事实……

生活中就有这样一些人，他们见不得别人过得好，见不得别人比他优秀。一旦别人超过了他，就咬牙切齿，嘴上谩骂世界的不公，背后使手段、耍心机，越是这样越让人觉得丑陋。因为你的嫉妒一并葬送了你的自尊，埋葬了你的风度，只留下自私、凶狠和丑陋。

莎士比亚在《奥赛罗》中写道："您要留心嫉妒啊，那是一个绿眼的妖魔，谁做了它的牺牲，就要受它的玩弄。"

当一个人沾染了嫉妒，就会被眼前的"利益"所迷惑，目之所及只有眼前方寸大小的地方。

嫉妒源于我们没有足够的信心去改变现状而产生的消极对抗。一个内心淡然的人，不会忙着和别人比较，只会注重于内心深处的自己到底想要什么，从而努力成为自己想要成为的人。

即便命运多舛,
她依然笑得从容

　　5月20日,薇姐给我发来信息:"我今天结婚了,很幸福,这次是真的!你一定要来参加我的婚礼!"对于这个不幸的女人,我由衷地希望她嫁的男人真心爱她、疼她一辈子。

　　认识薇姐的时候,她和第一任丈夫新婚不久。那时,我是房客,她是房东。因为性情相投,渐渐地,我们成了朋友。

　　薇姐的第一任老公是她的初恋,本市人,阳光帅气。后来,旧城改造,作为"拆迁户",他家在市里添置了多处房产,还买了豪车。那时候,薇姐刚大学毕业,和他的老公任职于同一家公司。知情人看来,薇姐上辈子肯定是"拯救了银河系"才找到如此称心如意的郎君。事实上,家庭条件的悬殊,注定了这是一段不平等的婚姻。

　　某天，我把钥匙落在房间了，便给薇姐打电话取备用钥匙。没想到，她居然亲自把钥匙送过来了。初夏的天气已经很热了，薇姐却穿了一件高领衬衣。我打趣道："小两口新婚不要太甜蜜，这简直是虐死单身人士的节奏啊！"

　　我话音未落，薇姐的泪水早已夺眶而出。在她哽咽地倾诉下，我才知道新婚第二天她就遭受了家暴。他的老公认为她白天工作时对上司笑得太过，怀疑她跟上司之间有不正当的关系。

　　我一边劝慰薇姐，一边无比愤慨地说："一定要告他，不然以后他会变本加厉的。"薇姐摇摇头说："其实，他打了我就后悔了，还跪求我的谅解。第一次，我以为他只是失控了，没想到这次他又动手了。"

　　"那这回呢？理由是什么？"我拿出医药箱帮薇姐消毒，小心翼翼地询问道。

　　她委屈地说："只是因为我帮男同事捡了份文件，他就怀疑我意图不轨。"

　　那天，我和薇姐聊了很久。分别前，我善意地提醒她："家暴这种恶劣的行径，有了第一次就会有无数次。你一定要抗争，拿起法律的武器保护自己的权益。"然而，薇姐婉拒了我的建议，还坦言自己真的爱他，愿意再给他一次机会。

半年后，薇姐从婆婆那儿得知了老公的秘密。原来，上大学的时候，她的老公被查出患了无精症，原本打算毕业就结婚的女友也向他提出了分手。因此，他还消沉了一段时间，直到遇到薇姐。善良的薇姐更加体谅老公的家暴，认为那是掩饰自卑的方式，所以非常包容他，也尽量避免自己跟异性接触。

如果她的老公家暴之后，反省自己的行为，并能痛改前非，好好疼爱她，那么这无疑是个美丽的童话故事。然而，童话终究不是生活，善良的人却不一定能获得尊重和珍爱，或许得到的只是无止境的伤害和暴力。

面对恶习难改的老公，薇姐终于不再妥协！尽管他再三的哀求、下跪，任凭婆婆早已老泪纵横仍苦口婆心的挽留，都已无法弥补她那颗被伤透的心。她毅然决然地提出了离婚。离婚后，薇姐换了工作，离开了这个令她伤心的城市，回到了家乡。

有一年，我恰好去薇姐所在的城市出差。那次见面，薇姐已经步入了第二段婚姻——在家人的安排下，薇姐和一个离了婚的小学老师结婚了。

我问她："你幸福吗？"

薇姐勉强笑笑，说："幸福！有人肯要我，我当然是幸福的。"尽管我知道薇姐撒了谎，却也不忍戳破。

那天午夜，狂风大作，暴雨如注，薇姐突然打来电话，告诉我她正站在我家门外。我急忙去开门，面无表情的薇姐进门之后一句话也没说。第二天早上才告诉我，她又离婚了。婚后，薇姐经历了两次小产，婆婆听信谗言，常常在外人面前说薇姐不会生儿子。丈夫在婆婆的威逼下，就和薇姐离了婚。

面对多舛的命运，薇姐没有妥协，更没有沉沦。她凭着一腔孤勇和韧劲儿，与苦难斗争到底，在事业上闯出了一片天地。

离婚后，薇姐调整好状态，很快就投入到全新的生活中。她是会计出身，但经过这几年的起起伏伏，已不愿意在圈子里面对熟人的流言蜚语，思虑再三，便转行做起了卤煮。她的卤煮用料足，食材卫生，汤底是自己精心熬制的高汤。店铺成本大，她只能做流动摊，风雨无阻，总是一个人出摊、收摊。有时下班早，我便过去帮忙，也时常劝她不要那么拼，偶尔也得歇业休息才好。

薇姐不以为意，微微一笑："比起之前的生活，我觉得这才是真正的人生，就像这一锅卤煮，越煮越有味道！"看着她脸上渐渐舒展的笑容，我也由衷地替她高兴。

　　日子久了，我发现总有一个文质彬彬的男人来薇姐这里吃卤煮。有时候客人多了，他就临时充当服务员。动作慢了，薇姐也会毫不客气地指责两句，而他也不生气，只是看着她笑，柔情似水的眼神有意无意地跟着她的身影在转动。

　　我打趣薇姐："你的'春天'就要来了。"

　　薇姐沉思了一会儿，摇摇头说："我只想过好自己的生活，不想再迈进爱情的坟墓了。"尽管薇姐明确地拒绝了很多次，但他没有放弃，热情丝毫未减。

　　后来我才知道，那个男人是一家科技公司的CEO，甚至还没有谈过恋爱——他不喜欢参加社交活动，工作之余就宅在家里。

　　直到那天深夜，薇姐突发阑尾炎，被这个男人送到医院，一直无微不至地照顾着，默默地守候在她的身边。最终，薇姐卸下心理包袱，勇敢地接受了他的追求。

　　后来，就出现了故事开头的一幕——我收到了薇姐的婚礼邀请。

　　如今，薇姐凭借自己的努力，开了一家深夜食堂。专为那些加班到深夜的人提供一个放松身心的场所，温暖每一位到访的食客。店里时常会出现另一个忙碌的身影，那正是她的老公……

美好的婚姻，因为一个人，你仿佛就拥有了整个世界；糟糕的婚姻，因为一个人，你则发觉整个世界都了无生趣。若你接受命运的安排，就此沉沦，将很难享受多姿多彩的人生。看清那丑陋的品性后，你才会发现：有些男人就像榨汁机，无论什么样的女人遇见，都会被榨成"渣"。时间就是一个检验者，但所有的过程和结果，都需要自己承受。与其诅咒风浪，不如扬起船帆，做自己命运的掌舵。

心态好，
人生才过得安然

晚上，我带孩子到小区广场上学习轮滑。凉风习习，广场上的人特别多。认识的，不认识的，小朋友都开心地结伴玩耍。

突然，不合时宜的呵斥声引起了大家的注意："你是谁家的孩子？凭什么追打我们家宝宝？你必须向他道歉！"循声望去，一个三十岁左右的女人，凸起的颧骨，瘦削的面颊，正怒气冲冲地拽着一个小男孩儿。

女人的嗓音很尖厉，吓得小男孩边哭边道歉："阿姨，对不起！阿姨，对不起！我再也不敢了！"女人不依不饶，紧紧地拽着小男孩的衣领，凶神恶煞地看着四周。

旁边的人实在看不下去了，便出言阻拦："你放开孩子！

孩子道歉了，怎么还不依不饶的？再说了，广场上本来就是孩子们玩耍的地方，你出来遛狗，若是咬到孩子多么危险。"

议论声此起彼伏，那个女人仍咄咄逼人："谁说它只是一条狗？我可是拿他当儿子来养的！"

女人的话彻底激怒了众人，大家将她围堵起来，你一言我一语，眼看着就要酿出大祸了。男孩的妈妈闻声赶来了，她看了看男孩被扯歪的衣领，蹲下来轻声地安抚孩子。孩子情绪稳定后，这才起身，心平气和地说："不好意思，孩子刚才太淘气了，打了你的狗，我替他道歉，请你原谅！"

话锋一转，男孩的妈妈义正词严地质问道："不过，这里都是孩子和老人，夏季是狂犬病的高发期，哈士奇又是大型犬种，不知道你的狗有没有养狗证？有没有接种疫苗？如果没有，那我只能让警察来消除隐患了。"说着，男孩妈妈就开始拨打电话。

那个女人看到男孩妈妈如此强硬的态度，自知理亏，牵着狗悻悻地离开了。

很多人仍然愤愤不平，大家纷纷表示："这种素质差的人，就应该好好教训一顿，看她以后还敢不敢张狂！"

男孩妈妈感谢了大家的好意，平心静气地说："如果我们恃强凌弱，那跟她有什么区别？既然我们有理，不用以暴制暴，只需要以理服人，让他们明白自己的行为有多恶劣就好了。"男孩妈妈的做法让我大为赞赏。

心态良好的人，不会为了一时意气而恶语相向，他们往往在最关键的时刻选择最得体的姿态，做出最恰当的回应。相反，心态不好的人，睚眦必报，常常因为一些鸡毛蒜皮的事，没完没了，闹得鸡犬不宁。

临近春节，无论男女老少都沉浸在新春节日的欢乐氛围里。老公从外面回来，脸色阴沉，刚进门就说："唉！今天和同学出去吃饭，街道上发生了一起命案，一死两伤。"

我深深叹了口气："马上就过年了，这下子至少两个家庭被毁了。"

老公也无限感慨："可不是！听说两家还是邻居，在一条街道上做生意。一家卖包子，一家卖胡辣汤。"

当晚，我就在微博上看到了这起事故的缘由——在玩耍中，包子铺老板的小儿子曾被胡辣汤的店老板的孩子不小心打破了头，双方家长说理不成，就大打出手，两家就此结下了怨。包子铺老板怀恨在心，对前来买包子的顾客说隔壁胡辣汤的卫生有问题。胡辣汤的店老板听闻这事儿后，也四处宣扬包子铺的肉馅是用带病的死猪肉做的。虽然双方的食材都没有任何问题，但消费者却不买账。两家的生意越来越冷淡，矛盾也达到了白热化的程度。

出事前，胡辣汤的店老板看到包子铺老板对着老顾客谈笑风生，怨气极重的他坚信对方正在说他家坏话。于是，转身回店里提了一把剔骨刀，就冲向了包子铺老板和顾客……

很快，胡辣汤的店老板就被闻讯赶来的警察控制住了，包子铺老板当场死亡，那位顾客则被送进了重症监护室。

好心态就是能管理好自己的情绪。一个拥有良好心态的人，不猜忌，不怨恨，他们能正确地看待生活中的不顺遂，理智地处理各种人际关系，努力为家人营造和谐的环境，这其实是一种高级的处世哲学。

早晨我送孩子上学时，忽然发现车子发动不了。恰巧碰见邻居送孩子上学，平时，两个孩子就爱凑在一起玩，又在同一所学校上学。见状，邻居便让我们搭乘了顺风车。

周一的早上，路上总是十分拥堵。上学路上的时间紧迫，两个孩子又不停地催促，邻居在行驶中只得加快了车速。眼看就要到学校了，在准备转弯的时候，前面的司机一个急刹车，邻居来不及反应，"咣"，追尾了。

前车的男司机火速下车查看，气势汹汹地吼道："你瞎啊！跟我车那么近干什么？怎么在驾校学的？会不会开车啊？"

女邻居赶紧熄火下车，一脸歉疚地说："对不住啊！孩子上学快迟到了，没注意到你急刹车，实在不好意思！"

男司机不依不饶："你全责，修车费500元！"

后面的车子越来越多，已经完全把路口堵死了。见此情景，女邻居便拜托我将两个孩子送到学校。然后对男司机说："后面的车都是送孩子的家长，我们拍完照片，先把车子挪开吧！"

做完这些，她不紧不慢地说："是我的责任没错，但如果不是你急刹车，我也不会追尾，我车里有行车记录仪，等交警来处理吧！"

等我送完孩子回来，路口已经畅行无阻了。女邻居坐在车里看书，安静地等待交警的到来。

我敲了敲车窗，玩笑着说："你倒是沉得住气，要是我根本坐不住，早就慌得六神无主了。"

她笑笑说："既然事情已经发生了，着急也没有用，还不如静下心来好好解决问题。"邻居的老公是做生意的，常年不在家，两个孩子都得她管。即使发生过很多棘手的事儿，也从来没见她红过脸。她与人处理事儿时，有理有据，说话慢条斯理，从来都是心平气和的。

我曾经问过她："如何才能保持你这样的好心态呢？"

她很坦然地告诉我："其实，你看到的都是我调整了无数次之后的状态。"

谁的奋斗过程没有挫折，谁的人生没有低谷？一次小小的挫折，就让你怨声载道地随意宣泄，只能说明你是一个不成熟的人，还需要提高自身的修养。

良好的心态，不仅能让你在泥泞中保持乐观向上的状态，还能让你在低谷时，吸取失败的经验和成长的力量，时刻准备迎接命运的翻盘。

理想的相处模式是彼此吸引，
又各自独立

秦璐和卓飞是"姐弟恋"，秦璐比卓飞大了整整8岁。认识卓飞时，秦璐刚刚结束了一段不幸福的婚姻，正处于她人生最灰暗的时刻。她的精神处于极度崩溃的状态，便拉着好朋友去喝酒，正是吃饭的高峰期，饭馆客满，他们只能和卓飞一行人拼桌。

闲聊中秦璐发现，卓飞的发小居然和她在同一栋写字楼上班，两家公司还是紧邻的上下楼。而卓飞只是偶然来这个城市出差。

秦璐气质清冷，眉眼如画，少女感十足，尽管比卓飞大了8岁，却完全看不出年龄差。那时，秦璐根本不会想到这个比她小8岁的大男孩竟然对她一见钟情，而且还异常执着地追求她。和其他男孩不同，卓飞有着不属于他这个年纪的细腻。这对被伤得千疮百孔的秦璐来说，卓飞无异于是救她出水深火热的"盖世英雄"。

秦璐不会照顾自己。她的第一段婚姻就是因为不会打理生活，一心一意扑在了工作上，忽略了老公的感受，导致婚姻破裂。如今恢复了单身，她更是用工作来疗伤，没日没夜地加班。饿了，就吃一碗泡面应付了事；累了，就趴在办公桌上休息一会儿。自从认识卓飞之后，他便隔三岔五地以出差为由，找各种借口出现在秦璐的家里。卓飞不仅会做菜，还煲得一手好汤，只要卓飞一来，她家的冰箱就会被塞得满满的。日子久了，秦璐觉得连自己掏空的心也被他的细腻柔情所填满。

秦璐曾一度觉得这样的关系不能再继续维持了，便冲着卓飞发火："你别对我好，我不会对你有回报的。"可卓飞的回答就像他给予的关怀一样温情："对你好是我唯一想做的事，我不求回报，这是我心甘情愿做的。如果有一天你身边出现了能照顾你的人，我会主动离开。"

卓飞不计回报的付出，让秦璐既感动又苦恼。尽管理智告诉她，俩人之间的差距太大，但他们的心诚实地做出了选择，很自然地在一起了。然而，这对于卓飞的父母而言，无异于平地起炸雷，他们异常坚决地持反对态度。

为了能够和喜欢的人在一起，卓飞毅然决然辞去了现有的工作，不顾父母的反对，一心扑向了恋人所在的城市，两个人冲破了地域的壁垒，在一起了。

秦璐是一家投资公司的高管，在工作中独当一面，干练，有魄力，而卓飞毕业两年，只是一家小公司的业务员。为了爱情，卓飞从一座城市奔赴另一座城市，只能重新开始，做着一份只有3000元月薪的工作。

秦璐在工作中不仅要面对各种各样的客户，还有很多不可推拒的应酬。因此，她也经常遭到某些客户的觊觎。刚在一起的时候，秦璐和很多恋爱中的女生一样，乐意把自己的不顺遂讲给男朋友听。一次，她向卓飞抱怨一个猥琐的男人对她轻佻的行为，没想到，年轻气盛的卓飞第二天便找人将对方打进了医院。

再有能力的女人也是需要被呵护的。尽管卓飞在有些方面还不太成熟，但是在生活中，他将秦璐照顾得无微不至。在卓飞的精心呵护下，秦璐那颗伤痕累累的心被治愈了，走出人生低谷后，恢复了那个独立、自信、干练的职场精英形象。

　　秦璐到了这个年龄，又是经历过婚变的知性女人，对待感情更加理智，不会过分地依恋男人的情爱，更加渴望的反而是彼此之间的信任和拥有独立空间的理性的爱。然而，卓飞特别粘人，过分依赖秦璐，有事儿没事儿经常在秦璐面前出现。有时，秦璐顾不上回应，他还会闹情绪。慢慢地，秦璐身心疲惫，没有一丝可以喘息的空间。忍无可忍的秦璐思虑再三，对他提出了分手。可卓飞坚决不同意，他认为自己为了秦璐和父母断绝往来，已经抛弃了一切，如果连爱情都要被收回，这样太不公平了，所以迟迟不愿放手。有时候，爱情如同手中的一捧沙，抓得越紧，流失得越快。最终，两人渐行渐远，只能黯然收场。

　　有时候，两个人明明很相爱，却没有走到最后。其实，我们不是败给了时间，也不是输给了琐碎，而是忘记了如何相处。在爱情里，大家都忙着做圣人，却忘了彼此都只是凡人。对方常常打着"为你好"的名义，让你做着自己不情愿做的事，我退，你进，我再退，你再进……等到一方退无可退，又不愿意完全臣服，于是你画地为牢，亲自把爱情钉在十字架上，从此一别两宽，各自安好。

　　爱情不是降低自己来获取对方的同情就能长久，最好的相处方式是相互吸引却又各自独立。卑微到尘埃里的爱情，只会失去自我，打破爱情之间的对等关系，丧失平等和尊重的基础，那么，爱情也就失去了最初的甜蜜。

民国时期，梁思成曾在新婚之夜问妻子林徽因："我只问一次，为什么是我？"

林徽因笑着回答他："答案很长，需要我用一生去回答。"

从此，这个问题便被他们从生活中抹去。为了共同喜欢的事业，他们一路跋山涉水辗转各地测量古建筑，冒着危险从容地做着实地考察的工作。梁思成的文采不好，每一份文稿都经由林徽因亲手润色。即使在西南地区的那段艰苦岁月中，他们也保持着对彼此的信任和理解，又各自保留着独有的志趣和特质，不离不弃，成就了一段才子佳人的美传，被无数后人敬仰和缅怀。他们之间既是爱人，又是最亲密的伙伴，共同为我国建筑史上留下了最珍贵的第一手资料……

最好的爱情，并非是用放弃、牺牲去感动对方，也不是互相变成对方的附属品，更不是让爱成为彼此的负累。最好的爱情应该是一起进步，携手奋斗，积极地成为更好的人，成就圆满的人生！

第三章

必要的时候，把一些人留在昨天

做个悲伤的智者，
不如做个开心的傻瓜

"爱一个人八分就好，剩下两分爱自己。"童艳深以为然。

遇见罗浩的那天中午，童艳刚刚失恋。最好的闺密和自己的男朋友在一起了，这简直是天大的笑话，更可笑的是，童艳是最后一个知情者。

童艳恍恍惚惚地走了很久，不知道穿过了几条街，走过了多少个十字路口。午后的阳光亮得刺眼，即使穿过了遮天蔽日的树荫，依然刺得她直流眼泪……她哭累了，也走累了，停在了转角处不知该去哪儿，旁边正好有一家"橙子时光"小店，索性进去看看。

不知听谁说过，"失恋最好的疗伤就是化悲愤为食欲"。失恋的人都是不理智的，童艳明明吃不了辣，却点了满满一桌辣口味儿：麻辣小龙虾、麻辣蟹钳、香辣鸡脖……表面上，童艳像个食欲惊人的吃客，实际上却在"烹饪"自己那伤痕累累的身心，她一边吃，一边流眼泪，或许是被辣的，或许是不甘心，或许……

闲暇的午后，三三两两的客人散落在小店的角落里，显得格外的慵懒。罗浩解下围裙，递过来一杯凉茶，玩味地笑道："不能吃辣就别太逞强。"接着，他慢悠悠地说："看你这样子，八成是被人抛弃了，心都被虐成渣了，何必再为难胃呢？"然后，他看看童艳红肿的眼睛说："想哭就哭吧，这会儿店里没那么多的人。"

也许就差这一句温暖的关怀，童艳再也忍不住了，大声地哭出来，一边抽纸巾，一边哽咽道："我就是觉得很不值，被自以为亲近的两个人蒙在鼓里，自己像个傻瓜一样！"

童艳终于找到了这么一个人，愿意把她长久憋在心里的委屈全部倾诉出来。自始至终，罗浩都是静静地听着，让她尽情地宣泄。童艳哭诉完毕，罗浩淡淡地说："好，哭完了，就把账结了吧！"

"你这人怎么这么没有人情味儿，我都这么惨了，你还只惦记你的饭钱？就这点儿钱，我还不至于赖账！"

罗浩边收拾着桌上的残羹冷炙边说："我要是没有人情味儿，就不会坐在这儿听你说这么多了。看你哭得这么辛苦的份上，给你一句忠告——爱情呢？就像你点的小龙虾，虽然看着很美味，可是冷了就不好吃了，没有必要斤斤计较，下次换个口味尝尝也不错。"

童艳气呼呼地结了账，准备离开。

罗浩懒洋洋的声音从柜台后传来："做个傻瓜挺好的，没必要活得那么认真！"

"你才是傻瓜呢！"童艳气冲冲地走了。

童艳再次遇到罗浩是和朋友一起在酒吧。当时，罗浩正在台上弹着吉他唱着歌，忧伤的曲调，加上罗浩淳美沧桑的声音，透着一种说不出的淡淡的忧伤。

童艳点了一首老歌，她眨着好奇的眼睛，小声地问罗浩："没想到，你还挺多才多艺的。除了小吃店老板、歌手以外，我猜你肯定还有其他的身份，对吗？"

罗浩悠悠一笑："你猜，猜对了请你吃小龙虾，傻瓜！"看着罗浩不怀好意的笑容，童艳气得牙根痒痒。为何当初自己那么容易就卸下了防备，把自己最惨的遭遇毫无保留地告诉了这个没有任何瓜葛的陌生人呢？

后来，童艳得知罗浩还是手艺人，这着实让她大吃一惊。几重身份叠加在一起，看起来那么违和却又很自然地融合在罗浩的身上。

缘分就是来得那么猝不及防，但是它总会出其不意的在你最需要温暖的时候，带给你意外的惊喜。

和罗浩确定恋爱关系后，童艳感到前所未有的轻松。在他面前，她永远不需要伪装，开心了就笑，难过了就哭，想做什么就做什么。每当她犯倔使性子时，罗浩总是大度地摸着她的耳垂："傻瓜，你想多了，有些事情没有你想象的那样复杂，做个快乐的傻瓜，没烦恼，多好！"

童艳却不高兴了，她闷闷不乐地抗议："你为什么总是叫我傻瓜？这种感觉很不爽的，让我觉得自己一无是处，像个什么都不会的大白痴！"

每当这时，罗浩就会笑眯眯地调侃："动脑这种高级的事情我来做，你只要当个开心的傻瓜就好！"话锋一转，罗浩正儿八经地问她："你说，为什么聪明的女人不幸福？"

童艳歪着头反问道："她们怎么会不幸福？想要什么有什么。"

"那只是表面现象。"罗浩似笑非笑地说道。

"那为什么不幸福呢？"童艳想不明白。

罗浩沉吟了一会儿才呢喃道："因为她们活得太清醒。"

童艳不是很理解地问："活得清醒不好吗？起码可以看清楚谁是真心？谁是假意？"

尽管童艳多次暗示罗浩，想知道他的过往，但都被罗浩含糊其词地拒绝了。明白了罗浩的意思之后，童艳便没有再纠缠不休。

一年后，他们结婚了。童艳辞去工作，随着罗浩一心一意经营起了"橙子时光"。虽然生意并不是很好，但好在日子简单快乐。童艳还是一如当初的简单，一点儿小事就可以开心好久。偶尔，她也会疑惑如此优秀的罗浩为何会选择普通的生活，而罗浩都会痞痞地笑着对她说："为了等你啊！"

人生在世，难得糊涂。有时，活得太清醒并不一定是好事：活得清醒，意味着对人性看得很透彻，背负太多，活得更累。做一个悲情的智者，不如做一个开心的傻瓜，不喧，不恼，静守流年。

爱情不盲目，
才会有美好的结局

电视剧《猎场》中，面对曾经的恋人，罗伊人对郑秋冬说："我这人没什么定力，谁追得狠了，我就跟谁走。好像羊，容易被顺手牵走，就当那是爱情吧！"

22岁的刘姑娘就是这么一个没原则的"罗伊人"。

遇见曾远的时候，刘姑娘还沉沦在一段"剪不断，理还乱"的异地恋中。男朋友是她的大学同学，两个人原本约好一起考本校的研究生，结果，刘姑娘惨遭"滑铁卢"，男朋友也发挥失常，被调剂到了另外一座城市。

刘姑娘是本市人，父母不想让她离家太远，而她自己也没有背井离乡的打算。于是，考研失利的刘姑娘在父母的安排下，顺利地进了一家不错的单位。曾远就是当时面试她的主管。

曾远体型偏胖，长相老成，但是脾气好，厨艺一流，属于居家型的男生，但他并不是刘姑娘理想中的男朋友。

刘姑娘长得漂亮，还是个地地道道的"吃货"。第一次同曾远吃饭，就品尝到了他亲手炮制的小龙虾，也是在这一次，曾远第一次向刘姑娘表露了心迹。虽然刘姑娘当场婉拒了他的爱意，却不得不折服在他精湛的厨艺之下。

每次刘姑娘大快朵颐之后，作为旁观者的闺密就无比心惊肉跳，忍不住提醒她："你可长点儿心，别以为人家对你好，你就跟人家关系好了，要记得你真正的男朋友在隔壁城市呢！"

对于闺密的忠告，刘姑娘不以为意："放心吧！我都明确地拒绝他了，我们现在是纯洁的革命友谊。"

刘姑娘一边和男朋友谈着异地恋，一边享受着曾远无私奉献的美食。当然，还远不止这些。刘姑娘从家里搬出来住的时候，灯泡坏了，曾远来换；马桶坏了，曾远来修；但凡刘姑娘有个头疼脑热，曾远就像24小时待命的保姆一样，鞍前马后，随叫随到。

一边是"远水解不了近渴"的男朋友，一边是"生活大百科"形影不离的"男保姆"，刘姑娘尽管有时也会忐忑不安，但总体上来说，她很享受目前的状态。半年后，刘姑娘在一场感冒的摧残下，终于被曾远对自己无微不至的照顾感动了。

和曾远确定关系之后，刘姑娘才意识到两个人是多么不合适，最主要的是两个人的生活理念格格不入。刘姑娘追求时尚，讲究生活品质，喜欢旅游，爱玩，平时花钱也大手大脚的，总爱买一些好看却不实用的东西。曾远则比较务实，为人节俭，什么都能凑合，甚至连内衣都可以补了又补，完全不能穿后，还要剪了做抹布。最初，曾远对刘姑娘极度宠溺，因为所有的"浪漫"都需要大量的金钱来成全，想要什么就会给她什么。时间长了，曾远有点儿吃不消了，就开始管控刘姑娘的日常开销。先限制她网购的金额，接着停了她的几张信用卡，最后连买什么牌子的化妆品都要干涉。刘姑娘完全无法忍受，两个人便分道扬镳了。

其实，这一段恋情从一开始就不合适。可是，刘姑娘没有什么主见，不够理性地思考俩人之间的问题。正如她自己所说："我这人就是没有什么原则，谁对我好，我就跟谁走。"这就注定了她在爱情里的被动盲目，幸福指数不高。

蒋小姐从英国留学回来就留在北京发展，在一家律师事务所上班。一个人"北漂"了七八年，终于在五环买了一套两居室的房子，还买了一辆高档的轿车。唯一让父母念叨的是，33岁的女儿还孑然一身。

她的父母是小学教师，退休后，两位老人最大的心愿就是希望蒋小姐能够早点儿结婚——老两口托亲戚朋友给女儿介绍了很多在北京工作的海归、"富二代"、高级白领等，他们有房有车，都是优秀的人才，可蒋小姐就是对这些人不感兴趣。她的爱情宣言就是不将就。

为此，蒋小姐的父母操碎了心。他们还常常发动蒋小姐的朋友劝她别太挑剔。然而，所有人都为蒋小姐着急的时候，她依然坚持跑步、游泳、健身，原来怎样生活，如今一样也不落下。遇到节假日休息，还常常和朋友们组织攀岩、旅行，不急也不躁。

年前的一次攀岩活动中，蒋小姐认识了新加入的攀岩爱好者吴磊。一番较量之后，居然不分伯仲，俩人互相敬佩的同时也暗生情愫。几次相处下来，他们发现彼此竟然惊人的相似，俩人一拍即合，很快就坠入了爱河。

如今，他们时不时就去环球旅行，一起走过了很多地方，看到了很多不一样的风景。时常在朋友圈"秀"恩爱——漫步于爱情海童话般的伊亚小镇，静静地依偎在白色的石屋下看夕阳；穿过北欧特罗姆瑟小镇，在追逐北极光的驯鹿雪橇上拥吻……几乎世界的每一个角落，都留下了他们浪漫的足迹。

前段时间，我和朋友一起去看电影，正好碰上蒋小姐和她的男朋友在逛街。本想恭喜她好事将近，蒋小姐却满脸嫁给爱情的模样，羞涩而甜蜜地说，她和吴磊已经在挪威结婚了。

比起蒋小姐，经常被催婚的小董就没有这么幸运了。她刚过完29岁生日，家里人都为她着急上火，催婚堪比催命。眼看周围比自己年龄小的女孩儿都找到了归宿，她也焦虑起来了，信誓旦旦地说："我要赶在30岁生日之前把自己嫁出去！"于是，她踏上了相亲的征程。

经历了无数次相亲的小董，不但没有遇见爱情，反而遇见了无数"奇葩"。无奈的她常常对朋友大吐苦水："女人到了该结婚的年龄依然单身就如同犯了不可饶恕的过错，不仅父母、亲朋在外人面前抬不起头，自己还要顶着周围人质疑的眼光生活，感觉自己的人生好失败啊！"

小董并不是个例，而是所有30岁左右却还不结婚的人的魔咒。30岁，就像一道分水岭，一旦跨过这道分水岭，人生所有的奋斗目标都是成家立业。因此，多少人蹉跎了岁月，糊里糊涂就步入了一段不被期待的婚姻。

爱情没有先来后到，也不是所有的花都必须在春天绽放。如果，我们错过了白天的花团锦簇，也可以欣赏深夜悄然绽放的昙花。"昙花一现，只为韦陀。"有些人，有些事，需要时间的沉淀，不必急于一时。在最恰当的时机，遇见对的人，才是最美好的归宿。

拿得起，放得下，
做一个有胆识的人

这几天，同事小张老是长吁短叹。我问她怎么回事儿，小张疲倦地揉着眉心说："最近家里闹翻天了。北大建筑系毕业的堂弟，一声不吭地把研究所的工作辞了，执意要做游戏主播。"

表弟的这个决定，着实把一大家人惊着了。亲戚朋友轮番上阵劝说，可堂弟吃了秤砣铁了心，任谁劝也不听。

我诧异地问小张："做主播不也挺好的，工作时间自由，挣得也不一定比研究所少呀？"

小张立刻反驳："当然不一样了！研究所是事业编，福利好，待遇高，听上去多'高大上'呀。游戏主播就不是份儿正经工作，平常玩玩游戏也就算了，怎么能真正拿游戏当正经事儿来做呢？"

看到小张愁眉不展的样子，我连忙安慰她："你也别太放在心上，你的堂弟说不定能做出好成绩呢。"

小张无奈地叹了口气，告诉我："我这个堂弟从小就胆子大。初一时迷上了打游戏，天天泡在游戏厅。后来，家里人为了让他戒网瘾，严格管制零花钱，可是你猜，后来怎么着？"

"后来怎么啦？钱都被管住了，他还能去偷不成？"我不以为然地回答。

说到这里，小张立刻来了兴致，以一副你绝对想不到的表情说："要不说他淘呢，人倒是很聪明，可就是不用到正经的地方。我的堂弟脑子好使，学习成绩特别好，经常有同学借他的作业去抄。于是，他就利用抄作业来创收，明码标价抄作业，还推出了包月、季卡、年卡等形式。然后，把赚来的钱以贷款的形式借给爱打游戏的同学。"

听到这里，我不由得笑喷了："你这个堂弟倒是胆子大，很会玩，还蛮有经济头脑的嘛！"

小张无奈地笑笑："还经济头脑？他差点儿被学校开除了。最后，还是家里人帮他把'挣的钱'补交出来，记了大过处分，学校才勉强同意让他继续上课的。"

"那你有没有和他好好聊聊，他究竟是怎么想的？"我问道。

小张苦恼地说："我已经和他聊了很多次了，可他偏偏强词夺理。现在跟家里闹掰了，搬到我这儿住了。"

过了几天，我和小张一起出去吃饭的时候，见到了她的堂弟。

我问他："你是怎么想的，怎么会突然做出这么重大的决定？"

她的堂弟告诉我："一辈子那么短，想做自己喜欢的事情。我从小就喜欢玩游戏，每出一款新游戏，我都能很快找到通关的办法。而且，从大一开始，我就做直播游戏解说，目前已经拥有几万粉丝了，我要做游戏主播界的一股清流。"

接着，他还向我科普："大多数人对游戏存在误解，认为打游戏就是不务正业。其实，并非是这样的。游戏主播解说，就是帮助大家正确对待游戏，迅速掌握通关技能，可以把它当成一项竞技运动，合理地娱乐、学习和生活。游戏丰富了我们的生活，帮助我们缓解了生活的压力，同时也能开拓我们的思维，让生活变得更美好。"

听了这番话，我隐隐对他的草率感到担忧。没想到，这个年轻人很坚定地表示："没什么大不了，如果坚持不下去，我再做回老本行。人生总要试一试！"

半年后，我换了新工作，再次遇见小张，便顺口问她的堂弟近况如何。小张感慨道："也许我们都老了，没有拼劲儿了。他凭着一腔孤勇，如今已经是一名知名的游戏主播了，每年的代言费就高达200多万元。"

我们常常羡慕他人的成功，可是，站在选择的十字路口，面对前路未知的艰难险阻，却缺乏破釜沉舟的勇气。只有明确自己的优势所在，敢于打破常规，挑战未知，才能活出自己想要的高级的生活。

刘娇和吴迪是一对好朋友，两个人都特别喜欢写作，常常在一起讨论文学作品、写作技巧，还报了同一个写作培训班。

吴迪常常畅想："我最大的愿望就是能够成为专职作家。"

而刘娇却对自己的现状很满意。她觉得现在的自己工作、写作两不耽误，生活没有太大的波动，日子也比较安稳。如果专职写作的话，会因为生存问题产生焦虑，为了写而写，效果反而不好。

刘娇擅长写小说，而吴迪的散文比较出彩。两个人的水平不相上下，经常在杂志上发表文章。随着工作压力越来越大，吴迪发觉一边工作一边写作特别吃力，身体也吃不消。而且，由于精力分散，在写作上精进也不大。所以她果断辞职，开始专攻写作。

刚辞职时，吴迪手忙脚乱了一阵，经常为一篇稿子是否能通过审核而焦虑，甚至经常改稿到深夜。然而，随着时间的推移，她的打字速度越来越快，写作水平也越来越高。不到一年，她就签约出版了第一本书，紧接着，十几部小说一气呵成。通过自己的努力，吴迪成了畅销书作家。后来，她的小说单是游戏改编的版税就有几百万元。

吴迪的全身心投入，让她有充足的时间、充沛的精力来提高自己，同时合理地调整作息时间，每天都精神抖擞，拥有美丽的心情。阅读自己喜欢的书，不仅能保持高效率地输出，还能有时间照顾孩子和家庭。没事儿就各处旅游，活出了最美的自己。

就在吴迪事业如日中天的时候，刘娇却还在犹豫不决中原地踏步。最近，她因为太过劳累，身体出现了严重的问题，在医生和家人的劝说下，不得不放弃了最初的爱好。

想要获得成功，必须具备魄力和胆识，能够拿得起，放得下，才能成就一番大事业。当然，做一个有胆识的人，并不是让我们盲目地做出判断，而是要不断学习，坚持自己的梦想。

不打扰，
是人生最高级的修养

不久前，我带孩子到"城市书房"看书。刚坐下一会儿，旁边几个孩子就开始追逐打闹起来，接连不断地制造噪声。这种不文明的行径，立刻引起了大家的不满。有人出声制止无果后，便请工作人员来劝阻，好说歹说，这些孩子终于安静下来了。然而，工作人员刚离开，这些孩子故技重演，嬉闹的声音越来越大。

这时，旁边一位老人怒不可遏，腾地站起来，一巴掌将手中的报纸甩到桌子上，大声叱责道："这都是谁家的孩子，大人也不来管管，太没有教养了！"突如其来的呵斥声，吓得旁边正在看书的我一激灵，桌上水杯中的水也被震得晃动了几番。

几个孩子依然我行我素。老人见呵斥不奏效，便粗暴地将几个孩子撵了出去，书房里终于恢复了安静。只是，这位老人还是不解气，絮絮叨叨地对旁边的人发泄不满："什么样的家长，教出什么样的孩子。这种没教养、没素质的孩子，家长肯定也不怎么样……"

书房里很安静，老人的嗓门显得格外的高亢响亮，屋顶嗡嗡作响。很多人反感地起身，纷纷离开了书房。那位愤愤不平的老人似乎浑然未觉，转而抱怨管理人员的失职，批评如今的孩子一代不如一代……

诚然，不管任何时候，任何人在公共场合打扰到别人，都是不礼貌和有失涵养的行为。纵然几个孩子有错，家长和管理人员也存在失职，但作为一个如此"路见不平"的老人，尽管他的出发点是好的，只是过犹不及，反倒做出了自己最讨厌的那种人的言行。

前几天，我在地铁上看到这样一幕：正值下班高峰期，地铁上的人很多，一位抱着孩子的年轻妈妈刚上车，就立刻有人给她让座。这位妈妈在表示感谢后坐下来，随手从包里掏出一个干净的塑料袋，套在睡着的孩子的鞋上，并用一只手小心翼翼地护着孩子的双脚，以防碰到旁边的乘客。中途，年轻的妈妈换了几次手，始终保持着护脚的动作。

车上异常拥挤，但似乎所有人又都很有秩序。车门一开一合，也没有出现以往因推搡而争吵到面红耳赤的人。我注意到，每个经过这位年轻妈妈旁边的人，都会有意无意地放慢动作，小心地避开她们。

看到这一幕，我突然想到知乎上曾经热烈讨论的问题——如何才能成为一个高级的人？其实，高级并不是指一个人的金钱、地位、权势的丰厚，而是指不卑不亢，落落大方，多为他人考虑的内在品质。一个人能够做到尊重别人，在小事上推己及人，多为他人考虑，无论身份是否普通，衣着是否朴素，处于何种境地，都能够从容地做自己认为该做的事情，这便是一种由内而外散发出来的从容优雅的高贵修养。

在一次出差返程的火车上，遇到一位聊得来的朋友。他说自己能有今天的成就，得益于早年一位特别好的朋友的资助，这个朋友也是他一生的贵人。

当年，他做生意需要一大笔钱，找了很多亲戚却没有筹到一分钱。万般无奈，他找到了当年的好友。好友二话不说，没几天就转给了他一笔钱。

等到他的生意有了起色，第一时间把借的钱亲手交还好友时，才得知他找好友借钱时，好友刚买了房子，身无分文，但看到多年的好兄弟走投无路来求助自己，好友就把自己刚买的唯一的一套房子抵押了出去，才为他筹得了人生的第一笔启动资金。只是，当年抵押的那套房再也拿不回来了。后来，他赠送了好友一套豪华别墅，但好友严肃地拒绝了他的心意，并且告诉他，如今自己的日子还过得去，不能接受他的馈赠。

后来，他偶然得知那位好友遇到了困难，亲自找到他后，给了他一张空白支票，让他随意填写。令他万万没想到的是，那位好友只填写了当下所需要的真实数目，并诚恳地说："我目前的困难就是这些。你能主动给我提供帮助，已经够有情义了。虽然你现在不差钱，但我们毕竟都有各自的生活，我不能再给你添麻烦了。"

有幸交到这样的朋友，是我们人生中最珍贵的财富。心怀坦荡，不卑不亢，不会因为施恩别人就要挟恩图报，更不会因为朋友落难就落井下石。

不管是友情还是爱情，很多时候，我们不联系，不代表不想念，而是不愿打扰。每个人都有各自的生活，该出现的时候，要抓住机会；一旦错失，而又各自有新的归属，你要做的就是默默离开，不打扰。

我曾听过一个故事。

年少时，他是从上海插队到牧区的知青。在那里，他结识了喜欢的姑娘，并互许了终身。就在他们订好日子准备结婚的时候，他接到了远在上海的老母亲发来的病危通知。于是，他匆匆回了城。他想等安顿好一切后就回去娶她。然而，回城没过多久，他就赶上全国恢复高考的政策。他给她发了一封电报，大意是自己要参加高考，晚个一年半载再回牧区接她，一定要等着他。

倔强的姑娘误以为他回城后变了心，才找了一个参加高考的理由来搪塞她。等他料理完母亲的后事，拿着录取通知书兴冲冲地回牧区找她时，却发现她早已嫁作人妇。

随后的几天里，他同村子相熟的人打听她的消息，得知她的丈夫对她很好，偷偷观察了几天，发现她脸上无时无刻都洋溢着幸福的笑容。他黯然离开，没有打扰她平静而幸福的生活。

后来，他当了大学老师，独身未娶的三十年。每一年他都会回到当年的牧区去偷偷看望她。直到三十年后，她的丈夫离世，他才和她见面，消除了误会，倾诉了爱意，两人重新走到了一起。

　　听过这段故事的人，都"怪"他太君子。当年他就应该解释清楚，不然也不会苦等了三十年。他解释道，因为太爱了，所以不想让她进退两难。既然一切都已经尘埃落定，那么他唯一能做的就是远远地守候着，不纠缠，不打扰。

　　人生不易，每个人都有自己的不得已。不是所有的事情，都需要争个你高我低。很多时候，我们不需要辩解，不需要讨好，做自己就好。不管别人如何看待，不打扰别人，不卑不亢，从容淡定，这就是人生最高级的样子。

层次越高的人，
越懂得放下

在学生时代，我曾经被一道数学题目困惑了许久。于是，我请教了德高望重的数学老师。在老师不厌其烦地为我讲解了很多遍后，我仍然百思不得其解，看到老师疲倦的神色，我只好违心地承认自己明白了。

老师仿若我肚子里的蛔虫，突然哈哈一笑，戳破了我的谎言："你肯定还是不明白。"我只好尴尬地咧着嘴傻笑。老师看我实在不明白，就安慰我说："你也不用着急，现在想不明白就先放下，等过一段时间回头再看，到那时说不定你就恍然大悟了。"

老师的一番话，让我将信将疑。毕竟是我没有掌握的知识，怎么可能放任不管，过一段时间自己就突然会了呢？可是，我也没有更好的办法，只好选择暂时放下。

到了期末总复习，老师讲到这一章节的时候，我们恰好复习这一类型的题目。在聆听老师的解题思路和解题过程时，我忽然豁然开朗，以前不理解的地方，如今竟然都明白了。

课间休息的时候，老师专门过来问我之前的题弄明白了没有，我很惊讶地说："就在您刚开始讲解题方向的时候，我忽然就明白了，但也说不出来是为什么，反正就是明白了。"

"是不是有一种妙不可言的感觉？"老师笑眯眯地补充道。

"对对对，就是这样。"我急忙点头。

接着，老师说了一段让我至今记忆犹新的话："眼前解决不了的问题，有时候我们可以交付给未来，时间是一个伟大的作者，它会给我们准备最完美的答案。我当时让你放下不是意味着妥协而是等待。"

这个人生的课题给我的收获远胜于攻克的数学难题，后来，无论是在工作中，还是生活中都屡试不爽。

去年，我在做一个新产品设计时，由于之前接触不多，没有这方面的经验，只能先进行理论计算。其中的一个部分我无论如何也想不通，停滞了很长一段时间。由于时间紧迫，我变得特别焦躁。

有一天，我刚好有事到现场，发现有几名师傅正围在一起组装一台设备。这台设备分了两部分焊接，然而在最后对焊的时候，由于焊接变形无论如何也组装不到一起。就在大家束手无策的时候，一个老师傅说可以利用焊候收缩的方法试试。大家按照老师傅的建议居然对焊成功了。

大家七嘴八舌地问老师傅："您是如何想到这个方法的？"老师傅一边抽烟，一边慢悠悠地说："之前我也遇到过类似的情况，当时也是想了很多办法都没能解决。后来就只好放下先做别的部分，等所有的部分都完成再回头看的时候，忽然就有办法了。"

我仿佛回到了学生时代，老师傅和数学老师的"真理"竟如此神似。回到工作岗位上，我心平气和地先做其他部分的设计，设计刚进行到一半，我忽然间就明白了之前一直想不通的部分。最终，我顺利完成了新产品的设计。

层次越高的人，越懂得放下。有时候，我们的积累或阅历不够，暂时达不到那个高度。放下，可以有更充分的时间去缓冲，等待量变引起质变的过程。当然，特殊的情况就需要彻底放下。比如，一份不属于你的羁绊的感情，一个并不合适的机会……这时，往往需要我们果断地做出选择。何时放下？该如何选择？

我在知乎上开了一个专栏，主要写和青春有关的恋爱故事，陆续收到了一些读者咨询情感问题的来信。

其中，有一位读者向我讲述了自己的暗恋故事，想让我帮她走出困境。

八年来，她一直喜欢那个男孩——她的高中同学，由于自卑，从来没有对男孩表明心迹。上学的时候两个人几乎没有交流过，有一天男孩对她笑了一下，让她低迷的心情一下子飞上了云端，仿佛灿烂了整个"荒芜"的青春。

在一次月考后的座位调换中，他们成了同桌。男孩很开朗，喜欢打球。她说自己能感觉到男孩对她有好感，只是俩人从来没有戳破过。她考砸了心情不好的时候，男孩还讲笑话逗她开心。

高考结束后，他们分别去了不同的城市，偶尔也会联系一下。有一次她开玩笑说自己谈了男朋友，她听得出对方在电话那头顿时低落的情绪，但是什么也没说。慢慢地，两个人就失去了联系。最近，她通过朋友圈知道了男孩刚刚跟女友分手。这么多年来她一直单身，虽然不知道自己究竟在等待什么，也可能是期望了却自己心底隐隐的遗憾。于是，她问我是否应该鼓起勇气去追求自己的幸福？

我给这个女孩讲了一个故事——有一个小偷去偷鸡，这只鸡是主人留着第二天杀了待客用的，一直被关在笼子里，所以鸡认为小偷是来救它的。当小偷给它喂谷时，它以为小偷是关心自己；当小偷把它抱在怀里东躲西藏时，它以为小偷一定很爱自己。所以，当小偷拿刀要杀它的时候，鸡以为小偷要自杀，就不顾一切地用自己的身体挡住了刀，鸡幸福地死去了。

女孩现在就是小偷怀中的那只鸡，所有的"美好"都只是"你以为"。事实上，男孩根本没有想象中爱你，或者根本就不爱你。如果一个男孩真心喜欢一个女孩，怎么会八年都无动于衷呢？而女孩的"爱"也许只是对学生时代的遗憾，或是臆想了对方的爱而无法自拔。对于这样一段明知道没有结果的暗恋，最好的方式就是彻底放下。

唯有放下过去，勇敢向前走，才能获得重生，拥抱前方更值得你珍爱的东西。成长，不是纠正别人，而是完善自己。当有些东西不属于你时，你要学会放下，放下纠结和不舍，果断转身。只有这样，你才能获得内心的平静和恬淡，淡看庭前花开花谢，安守内心的繁华，从容洒脱地继续前行。

极简生活，
你的人生需要学会舍弃

孙萌，一个台里新来的实习生，看着很机灵，工作起来却很马虎。打印文件，不是漏标点，就是缺字短句；办公桌永远乱糟糟的——用过的废纸随手就扔，找个文件也得埋头翻半天。

负责她实习工作的老师反复强调："你要学会整理办公桌，哪些文件已经处理了，哪些是临时追加的紧急任务、必须马上处理的，哪些是可以缓一缓再做的。分门别类，这样就能避免因为找文件而耽误工作进度。"

每次，孙萌都认真地听着，可转过头该怎样做还是怎样做，就是不改。当然，主要是没有出过大的差错，负责她的老师也不好再多说什么。

　　有一次，台里要转播中超联赛，赶上其他人外出执行任务，临时找不到人，就让孙萌负责回放切换。其实，这个工作没什么难度，之前老师也多次向她强调过如何操作，如何避免画面错乱，等等，并让她整理成小册子，有时间的时候多看看，以防万一。当时，孙萌根本没有将这件事放在心上，看完之后便随手丢到文件堆里了。到了关键时刻，她想临时抱佛脚，却怎么也找不到小册子，只好硬着头皮上了转播车。

　　第一次上转播车，孙萌心里一点儿都没底，又极度紧张，导致脑子一片空白，只能勉强回忆起老师的只言片语。最终，切换的时候，还是出现了播放事故——画面错乱了3秒钟。出了这么大篓子，孙萌被主任批评了一个小时，又被台长批评了大半天。最后，主任被处分了，负责她实习工作的老师被罚了2000块钱，俩人当月的奖金也一并取消了。

　　这件事情的发生，孙萌非常愧疚。负责她的实习工作的老师不但没有责备她，反而安慰道："成长之路难免犯错，关键是从错误中吸取教训。人生不是一直做加法，而是不停地做减法，距离成功，你还需要学会丢弃。丢掉不需要的文件，丢掉没用的社交，丢掉散漫的欲望，然后才能朝着固定的方向，做到极致，奔赴下一个中转站。"

我的一位诗人朋友，在默默无闻之时，生活得非常简单，除了上班吃饭，就是躲进小屋，创作属于他的华美诗篇。

最初，诗人只是在网上发表自己创作的诗歌，时间长了，也有喜爱诗歌的朋友创刊向他约稿，但仅限于爱好，并没有付给他相应的稿酬。直到那次，他的诗歌被推荐到报纸上，受到了大众的喜爱，从此，他的人生便开启了新篇章。他创作的诗歌开始大量出现在报纸、杂志上，成为《诗刊》重磅推出的新晋诗人。后来，他创作的诗歌一夜之间"爆红"网络，终于成了名人。

成名后的诗人，出版了两本诗集，加入了作家协会，当上了作家协会的副会长，他的生活状态瞬间发生了改变：常常活跃于聚光灯下，接受各大媒体的采访；频频被邀请到电视台参加节目录制，见面会上与粉丝互动，以及接待来访的同行切磋和自媒体朋友的直播访谈。

令人遗憾的是，我们常常看到他在媒体中活跃的身影，在新闻里听到他参加活动的日程安排，却很少看到关于作品的消息。后来，他出版的两本书，收录的也大都是以前的旧作。虽然新写的诗歌还不错，但与之前相比，简直不可同日而语。

这种现象并不是个例，很多作家成名后，忙着参加各种社交活动、开工作室、拍电影……很少有人能真正地静下心来创作。

人的精力是有限的，我们不反对多元化发展。为了扩大名气和人脉，我们付出了大量的精力，花费了大量的时间。然而，人生需要学会丢弃，丢弃名利场上的虚荣、欲望，丢弃无效的社交，清空内心的自我膨胀，不忘初心，方得始终。

我非常欣赏演员陈道明，不是因为他演绎了众多经典人物：方鸿渐、康熙等，而是他在生活中的低调，淡泊名利。没有工作安排的日子，他就在家陪着妻子，安静地读书、作画、练字、下棋，像极了一位深居简出的文人。他不仅自己追求简约生活，对待唯一的女儿也是如此。

记得有一次在杂志上了解到他迷上了皮雕。因为在英国留学的女儿迷上了LV的皮包，他去法国的时候，专门到LV专卖店里买了一块皮革回来，仿制了一款当下最流行的新款皮包送给女儿。不明真相的女儿接过之后，便随手放在了一边。见此情景，他便问女儿："你为什么喜欢LV的包？"女儿扳着手指说："质量好，款式新，手工定制，等等。"听完女儿的答案，他一脸严肃地告诉她："这就是LV的皮革，最新款，纯手工定制。""你喜欢的不是皮包，而是皮包上的商标。"他接着说。

　　相比于普通人，陈道明能提供给孩子最好的物质，然而，他却没有这么做。他认为："'富养女儿'不是在物质上，而是在见识上。要培养孩子见多识广、独立自主、的能力，知道自己真正想要什么，不轻易被俗世繁华所诱惑，亦不被纸醉金迷的乱象迷惑双眼。"

　　人生不过是一场修行，有的人修身，而有的人修心：淡泊名利，追求简约，不忘初心，活出自己。过极简生活，先做好自己，别忙着讨好别人；倾听内心的声音，打开零压力社交的大门，在时光深处邂逅知音；人脉不是追求来的，而是吸引来的。放弃无效社交，转而提升自己，你的世界才会变得更广阔。

你真诚说"谢谢"的样子，
好美

刚刚生完二胎，媛媛的身体还未完全恢复。最近天气燥热，二宝还拉肚子，半夜里总是哭闹，她只好强打精神，抱着二宝在屋里晃来晃去。时间长了，媛媛的身体自然是吃不消的，身心疲惫到了极点。

她想让老公帮忙，可老公却假装听不到。媛媛轻轻呼唤，他并不当回事儿；若是语气重了，他就不耐烦地嚷嚷："你烦不烦？我白天上班已经够累的了，晚上还要帮你带孩子，还让不让人活了？"

媛媛听到老公如此责难，瞬间就崩溃了，她毫不示弱，大声地控诉老公："你天天一回到家就打游戏，家里的事情一点儿忙也帮不上，累不累跟上班有什么关系？"她越说越生气，越想越委屈。

老公非但不愧疚，反而坐起来数落她："只是让你带着二宝！不用做饭，也不用接送大宝上下学，就连家务活儿都是我妈在做，你还有什么不满足的？"越说越激动的老公，又指着旁边的一堆衣服指责道："你看看屋里乱成什么样儿了？我都没说什么，你还好意思唠叨？作为妈妈，你连二宝都带不好，真是受够了！"老公吵完就抱着被子去客厅了，留下了在原地发愣的媛媛，还有哭闹不休的孩子。

孩子安然入睡时，已经凌晨两点左右了。媛媛拖着沉重的身体，刚躺下就睡着了，拖鞋还在脚上悬着……

诸如此类的情况时有发生，她每次看着老公一副嬉皮笑脸、若无其事的样子，就气得咬牙切齿，真恨不得和他互换角色，也让他过过"只带二宝"的生活。日子久了，俩人依然三天两头地吵架，媛媛便对这段婚姻彻底失望了，也不再对老公抱有任何幻想。

一天，他们满脸憔悴地走进了咨询室。我和两个人分别进行了长谈，终于了解到他们烦恼的根源。

我决定先安抚媛媛，耐心地说："你的老公是独生子，从小养成了依赖父母的习惯。虽然他的生理年龄已经是成年人了，但心理年龄还是个孩子，具有典型的'巨婴型人格'。"

媛媛忧心忡忡地问："那该怎么办呢？我可以迁就他，但他毕竟已经是两个孩子的父亲了，总要担起自己应尽的责任吧？"

我继续说："和'巨婴型人格'的人一起生活，确实很辛苦。你要学会包容他，安抚多于责难，鼓励多于抱怨，让他参与家务劳动，和你一起带孩子。切忌急躁和迁怒，否则更容易激化矛盾。"

安抚了媛媛后，我告诉她的老公："夫妻之间，要学会互相表达。即使再稳定的夫妻关系，也需要经常表达感恩之心，增进夫妻之间的情感黏度。真正有成熟魅力的男人懂得对妻子的付出真诚道谢的重要性。尤其在妻子疲惫的时候，作为老公，你更需要真诚地表达自己的感激。其实，她并不需要你真正地做什么，一个无言的拥抱，一杯凉好的温水，或者仅仅是一句暖心话，都可以让她充满温暖和力量。"

几个月后，我对他们的疏导效果进行回访。媛媛的气色看上去很不错，她的老公切了水果，沏好茶水，随手关上门，为我们留下了独立的聊天空间。

……

分别时，媛媛一脸满足地告诉我："虽然他依然不会主动帮我做事儿，但会在我累的时候带给我感动。你知道吗？他诚地对我说'谢谢'的样子，让我找回了初恋的感觉。"

英国作家萨克雷说："生活就像一面镜子，你笑，它也笑；你哭，它也哭。"

怀着一颗感恩的心，对于别人的付出能够真诚地说声"谢谢"，你也许不知道，这样的你有多美！你心存善意，世界也会温柔以待；你抱怨不公，埋天怨地，只能得到世人的疏离和轻视。

最近，我们公司新聘了一名清华大学的毕业生。要知道，清华大学就是莘莘学子心目中殿堂级的圣地，这名高材生的到来震惊了我们所有的小伙伴。在好奇心的驱动下，我终于见到了这个自带光环的新同事——一个皮肤微黑的姑娘。她刚进办公室，正好碰到一名四十多岁的男同事正扛着一桶水准备装在饮水机上，便请她帮忙把瓶盖抠下来。

姑娘语出惊人："如果我妈知道了，会心疼死的——我在家从来没有干过活儿。"此言一出，大家很快陷入了尴尬的气氛中……

大家慢慢地发现，每次分配工作任务，她总是挑肥拣瘦，工作起来也拖拖拉拉，或者直接把做不完的工作甩给别人。到了上交工作任务的时候，她没有完成工作就选择不露面。最让人生气的是，别人花费了精力和时间帮她收拾残局，她却总是一副心安理得的模样，连句客套话也没有。非但如此，一旦工作中出现了问题，她就一脸委屈地找领导辩解："这不是我做的，是别人帮我弄的。"她的无耻行为彻底引起了众怒，大家纷纷对她避之如蛇蝎。

"巨婴型人格"的成年人非常多，他们常常以自我为中心，自以为是。在他们眼里，全世界都要对他们负责，任性、偏执、抱怨，只知道索取不懂得奉献，没有丝毫的怜悯和感恩之心。把别人的付出当作理所当然，更不会对别人的付出真诚地说"谢谢"。

一个脱离了低级趣味的人，一个真正有文化涵养的人，往往心存感激，不会因为别人的轻视而自怨自艾，更不会因为自身的优秀而傲慢自大。因为感恩，他们往往知福惜福，为人谦逊，懂得尊重别人，仿若世间最柔情的一缕清风。

重启的人生，
也能绽放光彩

孔雀从小就喜欢舞蹈。上山采药时，她对着山林舞蹈；在地里干活后休息时，她对着田野舞蹈；即使做家务，她也可以把院子当作自己的练舞场。每年的火把节，她都是跳得最出色的那只"孔雀"。

大学毕业后，孔雀回到家乡做了一名舞蹈教师，还交了一个深爱她的男朋友。然而，所有的幸福，都随着那场地震的到来化为泡影。

那天，她把孩子们紧紧地护在身下，躲在角落里，等待救援的到来。孩子们个个完好无损，她的双腿却因受伤严重而被截肢了。男朋友接受不了这样不完美的她，委婉地提出了分手。她平静地面对男朋友抱歉的眼神微笑着，祝他幸福。男人走后，她一个人躲在被窝里，哭得撕心裂肺。

曾经，她是世界上最幸福的姑娘——一个单纯的喜欢跳舞的女孩，有疼爱她的父母，还有深爱她的男朋友，他曾许诺给她世界上最浪漫的婚礼。可是，无情的灾难不仅让她失去了父亲和双腿，还让她在最需要安慰、最需要拥抱的时候，失去了那个曾答应要娶她的男人。如果再失去挚爱的舞蹈，她的世界从此将一片狼藉，再也支撑不了整片天空。她发誓，要一直跳舞，直到生命的最后一刻。

苦难是一个淬了火的大铁球，软弱的人在它面前缴械投降，坚强的人则会将它狠狠地摔在地上，无论任何角度，都可以砸出生命的高度。

世上没有比人更高的山，也没有比脚更长的路。在最适合飞翔的季节，孔雀被狠狠地折断了"翅膀"，忽然从云端跌落到泥淖里，即便如此，苦难还是没有浇灭她想要自由飞翔的愿望。

为了能够重新站起来，她积极配合治疗，把自己调整到最好的状态。装上义肢后，她便没日没夜地练习走路。走路不再是难题后，她便全身心投入舞蹈练习。累了就在训练馆隔壁的屋子里休息，第二天接着训练；断腿结疤处磨破了，就缠上厚厚的纱布，继续练习……即使再苦再累，她也要练习舞蹈，重放往日属于自己的光彩。

她的第一场舞蹈是在轮椅上完成的。接着，她和伙伴们巡回演出，所得报酬全部用于震后家乡的重建。

假如没有飞过云端，她便不知道天空的广阔。从天空跌落后，她不愿意余生就这样仰望着天空，活在痛苦的回忆里，于是，她选择重新起飞，一刻也不停歇，享受风一样的自由，从一个舞台，飞向另一个更加广阔的舞台。

成名、出书、录制节目，在浅淡的笑容里，是她柔弱中的坚强与倔强，也是历尽千帆后的淡然。所有吃过的苦，成就了此时卓越的她。

有些人，天生就是斗士，即使面对一条残破的船，他也会想方设法开辟出一条属于自己的航道。一个有理想的人，必然有着极高的"逆商"，能经得起挫折，耐得住捶打。无论处于何种境地，都能通过对周围环境的分析，做出对自己最有利的判断。

覃菲的老公，曾经是单位中一名优秀的业务员，他的业务范围覆盖了大半个中国。然而，一次失误的投资，不仅让她老公的百万资产瞬间清零，而且负债累累。

　　面对打击，覃菲的老公并未一蹶不振，他很快便调整好自己的状态，重新做起了业务。不同的是，他从熟悉的领域，跳到了一个崭新的平台。面对新工作，她的老公总是适应不了，换了一份又一份，直到他丢掉最后一份工作，把自己关在房间里一整夜，做了一个令人瞠目结舌的决定——当一名足球分析师。

　　他分析了当初投资失败的原因，那就是涉足了自己不熟悉的行业。而他是个狂热的足球迷，有得天独厚的优势，所以他要开辟一条真正适合自己的道路。

　　听到这个决定，覃菲有点儿懵，这算什么正经职业？简直就是开玩笑。不过看到老公很坚持，她也就没有多加阻拦。没想到，老公果真行动起来了。他在房间里挂了一块黑板，每天不是抱着电脑看赛事，就是埋头写写算算。有时候也会根据自己的判断进行实战演习，还购买了大量的相关书籍进行学习。就这样持续了三年多，凡是经她老公分析推荐的赛事，命中率都非常高。后来，他被一家网络公司发掘，特聘为年薪几十万的职业足球分析师。

　　"其实地上本没有路，走的人多了，也便成了路。"人生并非一片坦途，能够在逆境里力挽狂澜，以不服输的姿态冲破阻碍，走出一条光明大道，这本身就是一种具有超凡智慧的眼界。

谁不是一边放下过去，
一边追寻未来

　　早前，朋友向我推荐了一部电影，听到电影名字《重返20岁》后，我的第一反应是"俗"，大概又是关于时光穿梭之类的噱头电影，便搁置了。后来，一个人在家无聊，便找来这部电影观看，出乎意料的是，自己竟然被暖哭了。

　　影片中的主人公是一位年逾古稀的老奶奶，名叫沈梦君。寡居多年、独立好强的她，生活的全部内容就是炫耀儿子、宠爱孙子。既唠叨又毒舌，不仅街坊邻居深受其苦，而且就连生活在同一屋檐下的儿媳妇，也因为和她相处压力过大而生病住院了。她的儿子迫于无奈，只好决定将她送去养老院。听到儿子的决定，表面上看似满不在乎的她，内心实则悲伤不已。因为太爱儿子，不愿儿子为难，她选择接受，然后假装愉快地表示自己终于可以享受独立自由的生活了。

老奶奶去养老院之前，一家人围坐在一起吃了一顿饭。饭桌上，她看着儿子愧疚的表情，故作开心地安慰道："我挺喜欢住养老院的。"面对儿子送她去养老院的请求，她也拒绝了，并表示自己一个人坐车去就行。

她孤独地走到公交车站台，看着一辆辆满载着回家的人们的公交车，黯然神伤。此时，她接到了孙子打来的电话，极其疼爱孙子的她，立刻眉开眼笑，并表示要请孙子和他的朋友们吃饭。没想到，老奶奶中途却迷了路，莫名其妙地走进了一家"青春照相馆"。

在照相馆中，摄影师的一番话勾起了她的回忆。笑中带泪的她自言自语道："我最美的时候，自己都错过了。"随着老式照相机的"咔嚓"声，满面皱纹的她突然变成了20岁的妙龄少女孟丽君。当她欣赏着自己矫健的舞步时，再一次感受到了生命的蓬勃，渐渐由最初的惊慌失措、不可置信转变为从容地接受了这场看似荒诞的奇遇。

为了帮热爱音乐的孙子圆梦，孟丽君毫不犹豫地答应孙子，做他所在乐队的主唱，同时也圆了自己爱唱歌的梦。至此，上帝的宠儿——孟丽君，遇到了才华横溢的音乐总监谭子明，接受了谭总监饱含情意的发夹，留下了一段美好的回忆。

重返青春之后，孟丽君的身体不能有任何创伤，否则皮肤就会迅速衰老。然而，当孙子遭遇车祸，危在旦夕，只有自己的血型能够与之相匹配时，她坚定地选择了献血救孙子。躺在病床上，她依然像当年面对丈夫阵亡时那样镇定。因为爱，即使再累，她也努力对儿子温柔地微笑；因为爱，即使再苦，她也能坦然接受命运的多舛；因为爱，她义无反顾地选择放弃奇妙的青春之旅，放弃那朵还未来得及绽放就凋谢的梦想之花。当她做完作为奶奶应该做的一切之后，伴随着远处传来午夜十二点的钟声，她从容地选择在时光里优雅地老去。

我们无法决定未来会遇到怎样的人，经历怎样的事，但在通往未来的道路上，我们无需对自己太苛刻。在正确的时间做对的事，只有这样，我们才不会为了烦恼而辗转反侧，也不会因为挫折而郁郁寡欢。

我很喜欢罗伯·莱纳执导的文艺片《遗愿清单》，它讲述了两位癌症老人的最后一站。

老富翁爱德华·科尔，是一家健康医疗机构的总监，离过四次婚，脾气暴躁，为人苛刻。为了保护女儿，他雇人打伤了女婿，唯一的女儿便与他断绝了关系，他生活得并不快乐。

黑人汽车修理师卡特，他寡言少语，但博闻强识。为了培养三个子女，他放弃了自己成为历史教授的梦想。尽管他的老婆很爱他，但他认为老婆是在控制他，干预了他的人生。

在命运的安排下，爱德华和卡特住进了同一间病房（爱德华为了节省成本，强烈推行"一房两床，谁也不能搞特殊化"的经营理念，岂料他不久后就被检查出罹患癌症，在舆论的压力下只得与另一位病人同处一室）。无论俩人之前的身份地位有多悬殊，现在的他们却有一个共同点：对自己的身患癌症的事实从否认到愤怒，从抵抗到消极，直到最后选择了认命。

面对生命的倒计时，卡特写下了一份遗愿清单：无偿帮助一个陌生人，喜极而泣，亲临其境（喜马拉雅山），开野马跑车，等等。爱德华认为这些愿望未免缺乏激情，于是在清单后增加了高空跳伞，亲吻这世上最美的女孩……虽然卡特有所顾虑，但爱德华认为两个人得为自己而活了，他说服了卡尔之后，俩人开始了冒险之旅。他们一起去了埃及，参加了狩猎远征，在非洲草原上你追我赶……

在人生的最后时刻，卡特和爱德华并没有消极地等待死神降临，而是勇敢地为自己的一生负责，想做什么就做什么。

在整个历险的过程中，他们找到了真实的自己。一生忧多于喜的爱德华，在卡特的帮助下，最终吻到了世界上最美的女孩——他的外孙女，得到了女儿的原谅，体会到了亲情的温暖。而卡特也真正地理解了妻子，感受到了妻子真挚的爱。他幡然醒悟，原来妻子对他的关心不是累赘和负担，而是满满的幸福感。

人生如同一场艰难的旅行，有泥泞，有坎坷，走过风雨，也经历过冬雪。若岁月静好，便云淡风轻；若时光晦暗，就坦然应对，你有多眷恋，就有多坦然。很多事情，如果想得太多，反而会阻挡前行的脚步。正如摩根·弗里曼饰演的卡特所说："我们不能总是想着等以后有了钱，有了时间，或者其他条件成熟了，再去做一些我们早就想做的事情，因为你永远不知道你有没有机会看到明天早上的阳光。"

20岁，我们享受爱情；30岁，我们承担责任；60岁，我们回顾往事。其实，人生不过如此，只是当时我们还不够从容，不够淡定。与其终日惴惴不安，担心未来不确定的危机，不如把握当下，过好今天。

第四章

请把所有的力气都用来变美

舍得对自己狠的人，
才能活得有底气

我的小学同桌，没有帅气的脸庞，却拥有"窝囊"的气质，同学们也不喜欢他。

第一堂作文课，老师请同学们谈谈自己的理想。轮到同桌时，他先是眼睛一亮，但又很快低下了头，看了看脚上的两个破洞，怯怯地说："我长大了，想要拍电影。"全班同学哄堂大笑，甚至还有调皮的男生嘲笑他："如果你能拍电影，那我就要去当总统了！"

老师示意起哄的同学安静下来，并郑重地告诉我们："同学们，理想是无价的。任何理想都是值得我们尊重的，只要能对自己狠一点儿，没有什么不可能！"

之后，我顺利地考上了高中，接着上了大学。那个小学同桌因为成绩不好，很早就跟他的表哥北上去打工了。

有一年，我的同学来北京旅游，请我当向导。那天，我们刚好经过北京电影学院，同学异常兴奋，硬要拉着我进去看明星。于是，我们顺路参观了北京电影学院。没想到，居然在校园里碰到了我的小学同桌。他的变化实在是太大了，我愣了好久，才认出是他。印象中羞涩自卑的少年，如今，眉宇间淡雅如竹的神韵，浑身都散发着一种别样的气质。

见面后的兴奋之余，我上前给他一拳："来北京也不通知我，怎么一个人来北京电影学院参观？"他笑笑说："我是来听课的。"

我当时没在意："我说呢，原来你又回去读书了？"

相请不如偶遇，我们就近找了一家餐馆，一边吃一边聊着这几年各自的经历。

一番交谈之后我才知道，他当年并没有跟随表哥去北京打工，而是在中途转车去了横店，在那儿做了几年群众演员。

同桌的经历，在我看来非常离奇。十几岁的孩子仅凭一腔热血，就敢一个人闯横店。

"你当时不害怕吗？万一到了横店跟你预想的不一样怎么

办？你可是连路费都没有！"我的同学出其不意地问道。

同桌抿了口酒，想了想说："当时我还真没想过，就是想去看看别人是怎么拍电影的。"酒到酣处，他无限感慨。其实，最初支持他去横店的理由，就是小学班主任的那番话。不对自己狠点儿，怎么知道不可能？

开始的几年，他在横店真的很辛苦。无学历、无背景、无长相，只要有人让他演，他都努力做到最好，力争一次通过，从来不给别人添麻烦。有一次拍抗战剧时，剧中的女二号情绪始终不到位，几十号"尸体"群演就陪她拍了二十多条六分钟的戏。当时，下着雨，许多群演都不耐烦地敷衍着。同桌运气不好，演了泡在水里的尸体，愣是一声不吭地泡了两个多小时。拍摄结束时，整个人的皮肤都泡白了。一个经常选群演的副导演拍了拍他，关切地说："小伙子，不错！回去记得洗个热水澡。"

就是这样不抱怨、不浮躁的姿态，让那个导演记住了他。后来这个导演陆续找他演了好几部戏，虽然都是扮演小角色，但对他来说却是弥足珍贵的机会。

渐渐地，他积攒了一些名气，也认识了一些优秀的演员。其中一位老前辈告诉他："年轻人不要着急出名，一定要先打好表演基础。虽然娱乐圈很浮躁，但有核心竞争力的人，肯定能时来运转。

当很多群演忙着跟导演、制片人套近乎的时候，他在安静地读书，譬如《中国电影史》《电影拍摄》《世界电影史》。很多混得不错的群演都笑他傻，说他呆："看书有什么用，能让导演给你加句台词吗？"刚开始，他还试着解释，后来也就习惯了。认同你的人，你不解释，他们也会理解；不认同你的人，即使你解释了，他们也不会理解。所以，不用去管别人说什么，也不用在乎他们如何看你，只需要按照你自己的设想，不忘初心，一直坚持下去就好。

当他听说普通人也可以去北京电影学院进修的时候，欣喜若狂。于是，他取出了所有的积蓄，来到了北京电影学院，成了一名旁听生。

原以为他做了这么多年群演，又进修了导演系，肯定要拍大电影。可没想到，刚结业，他就带着相机周游世界。他说："一开始，我确实想拍电影，那是我的梦想，可是在学习的过程中，我觉得纪录片更有意思。"

于是，一向尊从内心的他，就这样，一个人，一部相机，潇洒闯天涯。

有些人，如同一阵风，从你的全世界路过，卷起一片花瓣，却又很快挥一挥衣袖，带走了所有的牵挂，活成了一道遥不可及的风景。

说什么理想很丰满，现实很骨感，其实都是借口。你不需要别人的赞美来证明存在的价值，做自己就好。

请把所有的力气都用来变美

欧阳婧是一个非常爱美的小女孩。今年刚升入初三的她，学习压力陡增，经常熬夜，加之肝火旺盛，脸上的青春痘如雨后春笋般冒出来了，额头和鼻尖儿尤为明显。

看着镜子里曾经清秀的面孔，如今去长满了青春痘，欧阳婧特别沮丧。她苦恼不已地对镜叹息："这让我如何见人？"

正愁眉不展时，欧阳婧忽然想起邻居哥哥在家龇牙咧嘴挤痘痘的场景。于是，欧阳婧先从妈妈的针线包里取了一支针，然后学着邻居哥哥的样子，对着镜子奋力挤痘。花了整整一个下午的时间，欧阳婧终于把脸上的痘痘挤干净了。第二天早上，欧阳婧的脸却红通通的，肿得格外吓人。她的妈妈被惊吓到了，着急地问她是不是吃什么东西过敏了。欧阳婧支支吾吾地将自己挤痘痘的经过详细说了。妈妈立刻给领导打电话请了假，带着她去医院。

中医大夫仔细检查了欧阳婧的脸，然后叮嘱她："这种连成片儿的痘痘不要挤，容易把毛囊挤破，引起炎症，还容易结疤。"

欧阳婧苦恼地哀怨："脸上长痘痘真的太难看了，难道青春期就是与痘痘为伍？与其这么丑着，还不如直接越过青春期……"

中医大夫打趣道："小姑娘，脸上长痘痘，主要还是饮食不规律造成的。少吃辛辣刺激性的食物，多吃清淡排毒的东西，当然还有各种粗纤维，如可以改善消化系统的芹菜、韭菜等，最重要的是保证充足的睡眠，保持愉快的心情。只要生活规律了，心情变好了，再加上一些辅助性的治疗，痘痘很快就会消失了。青春是美丽的，你不要把所有的精力都用来挤痘，应该努力让自己的内心充盈起来。"

从医院回来后，欧阳婧努力调整自己的心态，不再因为怕丑被别人取笑而做蠢事，心平气和地接受了现实，留着力气让自己变得更好。过了一段时间，欧阳婧脸上的痘痘果然消失了，更幸运的是没有留下疤痕。

时光匆匆，每个人的精力是有限的，当我们把所有的精力都全部集中在一件事情之上，反而会缩减另外一件事情的精力。如果我们在不必要的烦恼上消耗了太多的力气和精力，哪里还有心思去做正经的事儿呢？

大学时期，我有一位好友，她长相清秀，身材窈窕，性格内向，唯一的缺点就是一紧张就结巴。因此，课上她很少发言。

大一下半学期，学校新开了一门心理学的课程，授课教师是一位美丽的女老师。她的年龄和大家相仿，性格开朗，和我们有很多共同的话题，课下经常和大家打成一片，课上的气氛也特别好，同学们都很喜欢上她的课。

有一次，老师在课上开展了一个讨论环节，让大家谈谈对恋爱的认知，这也是响应学校的号召，培养学生树立正确的恋爱观。话题非常具有吸引力，也是大家感兴趣的。同学们纷纷举手，争取发言的机会，老师的眼神在教室里迅速地横扫了一遍后，选中了我的好友——

她战战兢兢地走上讲台，越紧张，越结巴。偌大的多媒体教室里异常安静，没有一个人发出异样的声音，更没有一个人取笑她，两百多双眼睛耐心地注视着她讲话。

她磕磕绊绊地说完了自己的想法，全场立即响起了雷鸣般的掌声。老师很动情地说："看，大家并没有取笑你，而是给了你极大的鼓励，与其花费精力纠结没有意义的事情，不如把所有的力气留给自己，让自己变得更美，更好！"

那天以后，女孩每天早晨五点钟起床，一个人跑到学校对面的湖心公园，大声地朗诵诗歌，背诵散文，即兴演讲……经过一段时间的努力，她慢慢地告别了自卑，变得开朗起来，甚至可以在课堂上落落大方地给大家讲段子。更让人难以置信的是，她参加了学院举办的演讲大赛。虽然在比赛中没有拿到名次，但这让她更加有信心和勇气去不断地挑战自己了。

大二时，她说话已经很少结巴了。之后每年班级的元旦晚会都由她担任主持人，而她也不负众望，常常妙语连珠，逗得大家捧腹大笑。

大学毕业时，她成功应聘到一家大型企业，每次公司举行比赛，从节目策划到主持都由她包揽。现在，她已经是公司里最活跃的文艺骨干，专门负责公司的培训工作。

一位著名的画家在白纸上画了一个小黑点，并将它挂在画室显眼的地方，一抬头就能看见。很多前来看望他的朋友都不解地问："你为什么总是盯着这幅画？它不过就是一个小黑点。"画家微微一笑说："不，我在看生活还有很大一块儿快乐，这样可以让我把精力集中在提高画技上，而不是陷入由'小黑点（烦恼）'产生的负面情绪中。"

"失之东隅，收之桑榆。"与其耗费大量的精力在不必要的事情上纠结，不如把所有力气留给自己变美。

在别人的岁月里熠熠生辉

朋友的花店开业，请我们去帮忙。店面并不大，新进的品种花样繁多，店里摆不开，只好摆在外面。就在大家七手八脚地搬花时，隔壁的老板娘气势汹汹地朝我们走过来，态度蛮横地指着门口的花儿，大声嚷道："赶紧把这破花挪开，都占到我们的地方了，让人怎么做生意？"

我顺势看去，那是一棵大盆栽，稍微摆过去了一点儿。虽然看着枝叶繁茂，但实际上根本碰不到来吃饭的客人，更别说耽误她做生意了，这分明就是找碴儿。

于是，我毫不示弱地回答："只是稍微占了一点儿地方，怎么就影响你做生意了？再说了，到桌子还有一段距离，根本触碰不到客人。"

老板娘两眼一瞪，叉着腰，继续嚷道："还有没有天理？你摆在我门口，就算不影响我做生意也挡着我的财气了！"

"什么人？"就在我准备爆粗口的时候，朋友赶紧从店里出来赔礼道："对不住了，这是我朋友，今天过来帮忙的，我们这就搬！"

我以为朋友胆小怕事，怕将来生意不好做，不方便撕破脸。于是给她撑腰说："不用怕，这种人都是欺软怕硬的！对付这种人，你要硬气，这回你怕了她，下回指不定怎么欺负你。"

看到我气鼓鼓的样子，朋友大度地笑笑说："一点儿小事，不值得计较。今天是开业的大日子，别影响了好心情！"

……

房子刚装修好，我就搬了新家，但很担心甲醛超标，就想着去朋友那儿买几盆绿植放到家里，让心里踏实一些。下了班，我径直往朋友的花店走去……刚到门口，发现旁边那家大排档人山人海，完全占用了两家店铺外面的空地，花店门口只留下一条很窄的过道。

前几天我们占了她一点点地盘，她便不依不饶，这次她做得如此过分，一定得给她点儿颜色看看。心里盘算好之后，我愤愤地对朋友说："她就是看你好欺负！等着，我现在就去找她算账！"

还没等我冲出门外，朋友一把拉住我说："你别冲动！隔壁老板过来打过招呼了。他们做小生意，也挺不容易的。老家是外地的，还有两个孩子要抚养。老公公患了尿毒症，经常需要做透析。再说了，花店平时关门早，也碍不着我什么事？"

"你就是太心软！当心好心没好报！"我没好气地劝她。

"大气一点儿嘛！都是邻居，谁家还没个难事儿，计较太多，自己反而更难受。"朋友从容地说道。

没过几天，我恰好有事路过朋友的小店，顺便多聊了几句。朋友无限地感慨："店面刚盘下来，房东就告诉我电线老化，需要重新走一遍。我还没动工，前天晚上就着火了。幸好被隔壁的老板娘发现了，可她一直没有打通我的电话，她和她老公只好撬锁进来灭火。不然，我的损失就大了！"

正在招呼客人的老板娘听到我们的谈话，不好意思地摆手："可别那么说，以前总被人欺负，脾气越来越不好，总想压人一头，现在您的大度不知道给我们带来了多大的帮助。"

朋友家楼上有一户人家，女主人特别小气，尤其爱占小便宜。她的儿子今年才5岁，和她学得像模像样的。每次出去和小朋友们一起玩，自己的玩具从来不给别人玩，但是他看到别人好玩的玩具总要软磨硬泡地霸占着。很多家长怕自己的孩子受委屈，就暗中告诫自己的孩子不要和他一起玩。朋友并没有这么做，相反，她告诉自己的孩子："你将来会遇见各种各样的人，讲义气的、自私的、爱占小便宜的……只要'三观'正，都可以做朋友。谁能保证自己交到的都是完美无缺的朋友。"因为一点儿小事就斤斤计较，只会让孩子心胸狭窄、气量狭小。

楼上的女人得知了这件事后，对朋友的做法非常感激，也愿意让自己的孩子和她的儿子做朋友。

朋友一向是个大度的女人，不管遇到什么事，她都能坦然处之，豁达以对。不但在生活中如此，工作上也从来都是淡泊名利，不势利，不藏私。

朋友离职前，是一家上市公司的文案编辑。在企业里做文字编辑并不轻松。她负责的栏目不仅要自己拍照，写稿，还要负责排版。除了这些，平时还要接待外来媒体采访，准备各种资料，包括为经理写演讲稿、总结，等等。常常一个人忙到深夜。

有时候，自己的一摊事儿还在焦头烂额，马上又有加急的工作等待处理。所以，她常常被"委以重任"，却从不讨价还价。

后来，公司新来了一名实习编辑，主要负责企业公众号的运营，很多人都不愿意带她——大家都有所顾虑，害怕被徒弟抢饭碗。这种情况在企业里屡见不鲜，尤其是业务部，很多老业务员常常被自己带的新人挖墙脚。没办法，主管只好把这个任务摊派给朋友。平时关系不错的同事悄悄提醒她："意思意思就得了，别把压箱底儿都掏出来，现在的孩子特别有心机，当心被抢了饭碗，为他人作嫁衣裳！"

实习编辑是毕业不久的学生，简历上写明从事过新媒体运营工作。几篇文章下来，朋友却发现对方的文字功底很差，细细了解才知道，他帮人运营的是娱乐八卦类的公众号，通常就是发发图片，东拼西凑地粘贴些"鸡汤"文字之类的工作。

朋友只好从头教起。怎么找选题，如何策划文案，怎样快速排版。手把手教他构图、留白、拍摄角度，等等。还未到实习期，他不仅可以独当一面，还常常能帮朋友分担点儿工作。后来，朋友的颈椎出了问题，在家休息了一段时间，等她回到公司后才得知自己的岗位被实习生替代了。

面对曾经的老师，实习生愧疚不已，朋友却从容地说："我只能带你一阵子，剩下的就靠你自己了。"

提起此事，我郑重地问她："后悔吗？"她明澈的眼睛望着我，平静地说："学生时代，我曾跟随老师采访过一个仰慕已久的大师。临别时，大师赠予我一幅字'余生，愿我们在别人的岁月里熠熠生辉'。如果他以后能回想起，曾经有我这么一个人在他成长的岁月里熠熠生辉，这不是一件很酷的事吗？"

朋友的豁达，让我哑口无言。即使在经历了诸多不公、薄待、算计之后，还能心平气和地看待那些正在或将要对她实施不公正的人和事，不正是我们所追求的那个优雅从容的自己吗？

人生不总是坦途，愿我们历尽千帆，归来仍是少年。

你可以贫穷，
但不可以浅薄

国内一档火爆的鉴宝节目，在某期来了一位二十岁左右的姑娘，她手捧一个花瓶上台，请专家鉴定真伪。

专家看后问道："你是怎么淘的？"

姑娘腼腆地回答："我刚去留学时，在一家拍卖行拍的。"

专家又仔细地看了一遍，笑着说："你当时花了多少钱买的？"

姑娘调皮地吐吐舌头："我把缴学费用的10万美金全部买了花瓶。"

"那买完花瓶就回国了？你不上学啦？"专家哈哈大笑。

姑娘羞涩地抿抿嘴："不是，家人知道后又给我打了学费。"

"你这个小姑娘胆子还真大，怎么就敢花这么多钱买一个破罐子？万一是假的呢？"专家笑得很无奈。

"其实，我觉得它就是真的。"姑娘自信地说道。

"怎么上节目了呢？"专家了然地拆台。

"嗯……还是请专家看看吧！"小姑娘说。

"哈哈哈！"专家爽朗地笑了，对这个年轻的小姑娘越来越感兴趣了，"我很好奇，你为什么认为它是真的？连我都不敢保证不会看走眼啊！"

姑娘信步上前，自信地说："第一眼看到它，我就觉得很古朴，整体造型精致细巧，厚薄适度，无论是釉色还是落款，都不像作假。"

专家饶有兴致地听着，姑娘分别从花瓶的纹饰、釉质的粗细、落款的笔法与风格推测了花瓶的年代，最后还很肯定地说，"即便不是官窑，也应该是出自某位名家之手"。

听到小姑娘头头是道的分析，专家目瞪口呆，随即问道："你学的是什么专业？"

小姑娘回答："我学的是油画。"

"那你这些知识是从哪里得来的？"专家觉得更不可思议了。

　　"有些是从书上看来的，有些是我自己花钱买来的。"小姑娘俏皮地回答。

　　"看来家里条件比较好，父母能任由你消费！"专家调侃道。

　　其实，姑娘的家境并非专家所说。小时候，她的父亲是一名美术教师，她向父亲学习绘画，熟悉了很多名家的画风，还专门研究过他们的款识。有一次，她随父母去博物馆参观，走到瓷器区时，她就被精美的瓷器吸引了。慢慢地，她迷上了瓷器。父母的工资并不高，母亲还有哮喘，常年需要靠药物维持。为了支持她的爱好，硬是挤出几十块钱给她买瓷器方面的书。因为妈妈知道，任何时候，知识的投资都是值得埋单的。

　　"纸上得来终觉浅，绝知此事要躬行。"她专门利用暑期时间到景德镇学习瓷器烧制。随父亲到各地参加画展时，她也经常逛古玩城、参观博物馆。随着家境的好转，只要有瓷器方面的讲座，她都会想尽办法去旁听。在国外留学时，她还经常参观一些高端拍卖会，近距离品鉴那些真正的瑰宝。这次便是她第一次试手。

　　经过这么多年的浸淫，姑娘的品鉴能力得到了很大的提升。节目最后，她的花瓶被专家鉴定为真品，价值在200万元人民币左右。

很多观众都说她运气好，父母不仅能在贫穷时不遗余力地支持她的爱好，而且还阔绰地为她试手的10万美金埋单。有谁会在看不到任何收益的情况下，进行高风险的投资？如果没有父母的远见和投资，没有专注的学习和品鉴珍品的经验，小姑娘还会有那么好的运气？把贫穷当作借口，不过是掩饰你贪图享乐、见识浅薄的事实。前段时间，我迷上了微博。看到马云"湖畔大学"的首期学员在杭州毕业典礼上的合影时，我随即打开了网页。在一众大咖里，一张极为年轻的面孔非常显眼。我在网上搜索了一下——"知识网红"孙宇晨。

咦？这个名字我好像在哪儿见过。于是，我在一堆书里找到了孙宇晨，他正是《这世界既温柔又残酷》的作者。

如何实现从0到1？我想这是很多人对孙宇晨最感兴趣的问题！最初，我也很好奇，可他的自传彻底地改变了我的想法。

从孙宇晨的履历来看，他最大的乐趣在于折腾——去武汉学围棋；参加"新概念作文大赛"；提前从北大毕业，包括后来在留美期间利用学费和生活费投资特斯拉和底特律币，分别以4倍和20倍以上的收益，获取了人生中的第一个一百万……他的人生就是这样折腾出来的。

如果9岁的孙宇晨没有看到《家庭》杂志报道围棋天才的

文章，他大概不会萌生去武汉学习围棋的念头；如果没有在武汉那几年的独立生活，他也许不会因为叛逆，争取到"新概念"复赛的机会；不会因为上海这座大城市对他造成的冲击，进而萌生出考取北大的强烈愿望；没有优柔寡断，直接从北大提前毕业，留美接触投资特斯拉和底特律币的际遇……以至回国创业后，开发了"陪我"App，通过层层筛选，成为马云"湖畔大学"的首期学员。

得知马云要开办"湖畔大学"时，很多人都对其嗤之以鼻。一个商人，居然异想天开搞教育，他究竟是为了利益，还是为了获取人脉关系？

这一连串的质疑和困惑告诉我们，贫穷真的限制了我们的想象力。如果你只是个普通的小职员，偶尔玩股票、买基金。特拉斯和底特律币是什么？或许你都没听过，更别说投资，获取人生的第一桶金了。

世界有多大，舞台就有多大。你只有站在世界的顶端，才有机会在大舞台上施展抱负。

听别人把话说完，
是很高级的品质

我在药店买了一罐花茶，回到家拆开包装才发现已经过期一个月了，于是马上返回药店，要求店员退货。

原本几句话就能说清楚的事，售货员却固执地说："你已经把包装打开了，我们没有办法返给厂家。"

听到这话，我再也压抑不住内心的怒火，据理力争地反驳道："你返不返厂家我不管，但是你卖给我过期的商品，怎么反倒是你有理了呢？你告诉我，哪家生意是这么做的……"

还没等我说完，这个言语犀利的售货员立刻就截住我的话头："你买的时候就应该看一看生产日期啊！现在包装都打开了，你让我怎么办？我还得把这钱补出来不成？"

我一下子被她气乐了，真有一种"秀才遇上兵"的感觉。于是，我不再对她抱有任何幻想，便高声质问道："我不和你争执，你们店长在哪里？"

一个干练的女人应声从库房走了过来，我非常气愤地向她投诉："我刚在这儿买了一罐花茶，回家后打开才发现过期了。没想到你们这么大的店，居然卖过期的商品，赔钱吧！不然我只能拨打投诉电话了。"

客户经理仔细查看了商品的说明书，抱歉地说："对不起，这是我们的错，我会按规定给你双倍的赔款。由于我们的失误，给您造成不便，稍后会送上一份礼品，以表歉意。"然后，她严厉地批评了那名售货员。

我的本意只是要求他们调换商品，即使不是同一款花茶，我也可以接受。然而，那名售货员除了强词夺理之外，根本没有容我把话讲完……

听别人把话讲完是对人最起码的尊重。不管对方说的对与错，至少能够耐心地听完对方的诉求，听懂对方真正表达的意思，不至于曲解了来意，造成不必要的麻烦和损失。

最近，马婷荣升为银行支行的行长，在本市工作的同学提议聚一聚，为她庆祝一番。席间，大家不约而同地向她请教，如何才能像她一样快速升职——我们当中的大多数人还在柜员职位面对着散户苦苦支撑着，好一点儿的才升到了大堂经理的职位。

马婷酝酿了一会儿，就向我们讲述了她的经历。

她到银行实习之初，既没经验，也缺乏技能，只能跟着师父慢慢学。

一天，一位老人走进银行大厅，他穿着破烂，浑身还散发着浓烈的臭味儿，局促不安地环顾着周围。

过了十几分钟，老人才小心翼翼地走到工作人员身边去咨询，工作人员误以为他是流浪汉，不耐烦地和他打了招呼，便让保安请他出去。看着眼前的这一幕，马婷忽然想起父亲第一次送自己上大学的情景，也是这样的神情。

马婷走过去，递给老人一杯水，轻声细语地问他："大爷，您是不是遇到了什么困难？"老大爷非常激动地拉着她的手说："姑娘，我不是流浪汉，也不是大街上乞讨的，我是来存钱的。"说着，老人从编织袋里小心翼翼地拿出裹了好几层的布兜说："姑娘，你看，我真是来存钱的。我都来了好几次了，不管问谁，都没有人搭理我，他们还要把我赶出去。"老人哽咽着，蹲在地上，颤抖的双手还捧着一大把零钱。马婷眼睛一热，赶快伏身低下去，爽快地笑着说："没事，我来帮您存。"上班两天，马婷便接待了职业生涯中的第一个客户。

几天之后，马婷正在帮助储户办理存款业务时，大厅里来了一群衣衫褴褛的人，带头的就是前几天刚刚办理过储蓄业务的大爷。

原来，大爷办理完储蓄业务后，回去向同行一宣扬，他们就兴高采烈地在大爷的带领下结伴过来了。作为新人的马婷，当日的业绩非常棒，行里让她提前转正，成了正式员工。

听别人把话说完，不论对方的职业与社会地位如何，都能够真诚地一视同仁，这是一个人最基本的修养。

晚上加班回来，女儿和丈夫都不在家，已经累到筋疲力尽的我走回卧室，准备休息一会儿。被子刚掀开，比萨就散得满床都是。我顿时火冒三丈，自然而然地将"罪过"归咎到女儿的头上。忍着怒气将比萨清理干净，顺手换上了干净的床单。收拾完之后，我走进厨房倒水喝，发现我常用的玻璃杯碎在了地上，这对于我来说无疑是火上浇油。

此时，八岁的女儿回来了，看到我在家就高兴地扑过来撒娇："妈妈，你终于回来了。我今天做了一件很厉害的事……"

我怒气未消，没等女儿说完话，便厉声呵斥道："我告诉过你多少次，不要在床上吃东西，你怎么总是记不住！还玩水，玻璃渣子扎到手多么危险，你怎么这么不让人省心？"我不分青红皂白地冲着女儿吼了一通。女儿眼中噙满泪水，几次想开口，都被我武断地喝止了。孩子委屈地跑进房间，"嘭"的一声关上门，再也没出来。

我摇摇头，心里暗自叹气："现在的孩子真难管，自尊心太强，语气稍微重一点儿就生气了。"

老公刚回来，一脸神秘地冲我乐："怎么样？收到宝贝儿的惊喜没有？"我一脸迷茫地问："什么惊喜？我这气儿还没消呢！"接着，就把女儿"差劲儿"的表现狠狠地数落了一番。

等我发完牢骚，老公无奈地说："亲爱的，你弄错了。今天快下班时，我接到女儿的电话，说你晚上加班，让我带份儿比萨回来，给你当晚餐。"

我这才意识到自己误会了女儿，于是走进她的房间，诚恳地向她承认自己的错误。

女儿开心地说："没关系，妈妈，你永远不用跟我说对不起。我怕比萨凉了不好吃，所以才盖到被窝里的。你上班太累了，我想给你倒水喝，可是我力气太小了，一不小心把玻璃杯打碎了，不过我没有碰到玻璃渣子，也没有受伤哦！"女儿的懂事，让我泪眼婆娑。

　　诚然，工作、生活是忙碌的，但这不是我们敷衍陌生人、朋友，乃至家人的幌子，更不能是我们不再顾及亲情、友情或爱情的借口。

　　倾听，耐心地倾听别人的心声，让对方把话说完，是一种优雅的姿态。它可以让我们反省自己、了解别人，赢得别人的尊重和关怀，从容地与世界对话。

所谓的完美，
不过是懂得及时止损

前一阵子，我到迪拜参展，结识了一位中国姑娘。她为人热情，健谈，我们聊得很投机。在异国他乡遇到了家乡的朋友，我们都很开心。展会结束后，她还充当导游，带领我们游历了别有一番风味的迪拜。

这位河南洛阳籍的姑娘，毕业于美国哥伦比亚大学。她不仅长相漂亮，会吹长笛、弹钢琴、能歌善舞，还烧得一手好菜。她成立了自己的公司，还有一个温柔、帅气又富有的阿联酋丈夫。她活成了大部分女生理想中的模样，这样的人生简直完美。况且她为人谦逊和善、低调优雅，举手投足间无不散发着贵族气质。在外人看来，这样聪慧优秀的女孩一定有着良好的出身和同样出色的父母。

　　然而，事实并非如此。女孩落落大方地解释，自己的父母只是国企里普通的财务工作者，而且母亲先天性失聪，父亲因小儿麻痹落下了残疾。小时候，别人家的小孩可以肆无忌惮地对着自己的母亲任性地撒娇、哭闹，她却只能做个乖巧、听话的孩子，因为母亲的世界一片寂静，没有哭闹，没有欢笑。为了不让妈妈操心，她从小就被爸爸教导要乖巧要听话，不能做的事情千万不要做，因为妈妈会着急和担心。

　　当然，再乖巧的孩子也有任性的时候。刚进入青春期，一向乖巧的她突然别扭起来。她不想接受大家异样眼光的"洗礼"，不愿意让身有残疾的父母来学校接她。有一年冬天，雪下得非常大，她放学回家刚到小区门口，就碰见父亲单位的叔叔，问她怎么没有跟父母一起回来。叔叔告诉她，天黑路滑，父母担心她赶不上车就提前请假去学校接她放学了。这时已经天黑了，路上还有一段非常难走的陡坡，加上父母行动不便……黑夜中，她望着窗外，不停地开门和关门，忐忑、害怕、自责、内疚，各种情绪交织在一起，她永远忘不了内心极其煎熬的这种感受。

　　那天晚上，她的父母很晚才到家。母亲脸上挂着明显的擦伤，父亲的腿更加一瘸一拐了，在进门的那一刻，看到她好好地待在家里，父母脸上所有的担忧一扫而光，不顾浑身的疲惫，立刻扑上前对她嘘寒问暖。看着父母有点儿"狼狈"的模样，那一瞬间，她明白了，做任何事情都要考虑后果和代价，要学会及时止损。不要等到真正损失什么再去设法挽回，更不能等到悲剧发生再追悔莫及，否则便是悔之晚矣。

"长大"其实只是一瞬间的事。在那个晚上，她那别扭的青春期就宣告结束了。后来，她再也没有任性过，变成了别人眼中完美的好学生，品学兼优，多才多艺，参加过各种比赛和表演，包揽了大小近百种奖项。她的父母已经攒好供她上大学的费用，她却很争气，不仅凭借自己的努力考上了美国哥伦比亚大学，还获得了全额奖学金的资格，在大家眼里一时风光无限。

虽然她的履历堪称完美，但她行事低调、不张扬、不炫耀。在她眼里，哪有什么完美的人生，只是提前预估了风险，在出现小错误或者小损失的时候懂得及时止损罢了。所谓的完美只是因为曾经犯过错，受过惩罚，故而小心翼翼地规避了所有的风险而已。

雅婷姐作为一名出色的摄影师，不仅拥有独立的工作室，还能写诗出书、懂生活。更让人羡慕的是，她拥有一个可爱的女儿以及幸福美满的家庭。

她特别注重衣品，尤其偏爱复古式的装束。用她自己的话说："女人不优雅，没有人会代替你优雅；自己不珍惜，没有人愿意替你心疼。"

她不但将事业做得风生水起，还将自己的家庭打理得井井有条。在家里，她和颜悦色，不会轻易对家人发火、耍脾气，尤其不会把工作的烦恼带回家，迁怒到亲人身上。

我一直以为她天生性格好，后来才知道，以前的她年轻气盛，根本不懂得迁就和退让，还特别倔强和偏执，从不肯轻易向别人低头。

她和我聊道："第一次发脾气是跟婆婆置气，我跑到了闺密家。老公来接我，一时间我言语过激，倔强的脾气上来了，就是不肯跟老公回家。老公本来就盛怒的情绪一触即发，当场砸了车。事后，不但花了几千块钱的维修费，老公的左手还伤及神经，差点落下残疾。那个时候，我们两个人年轻气盛，又都意气用事，遇到事情不懂得互相谦让，更不懂得及时止损，导致这样的事情接二连三地发生，以至于后来摔手机、砸电脑……有一次，我们因为教育孩子的问题发生了分歧，我在旁边煽风点火，让本来就在气头上的老公火气更盛，失手砸了碗，碎片差点儿伤到了孩子眼睛……"

　　通常情况下，很多重大事故的发生，前面往往都已累积了多次的违规。规避重大事故的发生，我们只有在一些小失误、小教训中吸取经验，做到及时止损，才能一步一步地走向完美。毕竟，没有什么事情一开始就是圆满的，也没有什么人从一出生就是完美的。

　　我接触过许多人，其中不乏学者、教授、高级心理咨询师、企业白领、公务员，还有很多优秀的创业者，他们看起来很成功，但在"光芒"之前，往往都是不被人注意，甚至是被别人轻视的。所谓的完美，只不过是接纳了自己的不完美，懂得与自己和解，不执着于过去和得失，懂得及时止损，才会在人生一个个的"十字路口"中从平凡走向卓越。

除了成功，
我们还需要情怀

前天和朋友一起喝茶时，某电视台里正在播放一位"90后"创业成功的故事。朋友愤愤地说："如今的人太浮躁了，成功似乎永远跟金钱挂钩。有些人去做平常人不愿做的事情，而那恰好就是最有意义的事业，难道这样的人不成功吗？如果这样定义成功的话，岂不是太狭隘了！"

很多人渴望诗和远方，可有的人去了远方，却依然到不了"远方"；有的人即使没有到达远方，可他做的事早已抵达"远方"。

在别人眼中，他一直是"学霸""人生赢家"。翻开他的履历，那些闪光的印记，记录着他曾经的辉煌。他考上了复旦大学，留学常青藤名校哥伦比亚大学，是那届毕业生中唯一拿到波士顿公司录用通知的人。

他就是黄鸿翔，一个地地道道的"80后"。

黄鸿翔在复旦大学就读新闻专业时，与普通的大学生相比并无特别之处。在校园里看书、学习，通过老师的推荐，到学长的广告公司做实习生。实习期间，他给毕业了好几年的学姐打下手，经常听到她们的话题不是买包和化妆品，就是聊八卦。虽然他对未来要走的路很模糊，但如果都像这样度过，那就太乏味了。

留学哥伦比亚大学以后，黄鸿翔忽然发现，自己与身边的同学几乎没有共同语言。有一次露营，大家聊起了之前的经历和未来想做的事。一名印度的同学说，他将来要制订保护环境和穷人的律法；一名加拿大的同学说，他要消除贫困……他们谈论的话题非常广博，让人听了自愧弗如。

自此，黄鸿翔开始关注时事，积极参加校外实践活动。在即将毕业之时，他偶然在网上看到南非中山大学有一则"中非报道项目"的招聘信息。于是，他整理了自己的实践简历投了过去。没想到，很快就收到了应聘成功的邮件。其实，这个项目的真正目的是做关于象牙、犀牛角贸易的调查报道。接到任务后，一无所知的他，第一次走进象牙市场，立刻就有走私者放下戒心，同他交易。就这样，他踏上了解救野生动物的卧底生涯，一次次与危险擦肩而过。

一次，他在肯尼亚参加大型象牙焚烧活动时，一名记者冲上来指责道："中国年轻人，为什么不告诉你们的父母，不要再买象牙了？是因为没读过书，所以不懂象牙盗猎吗？"任他费了很多口舌解释："虽然很多濒危动物跟中国人有关，但真正购买的人是少之又少的……"记者根本不理会他的说辞，还屡次用偏见的眼光来挤对他。从那以后，他就决定终生投身于保护野生动物的事业，让世界听到中国的声音，为中国人正名，消除他们对中国的偏见和误解。

很多人质疑他这样做是否值得，黄鸿翔却说："世界不是被作恶者摧毁的，而是被看到了邪恶却一言不发的人摧毁的。"

哪有什么岁月静好，只是有人替你负重前行。那些为了保卫祖国而献身的无名战士，那些为了科学事业奉献所有的先烈……他们一生默默无闻，才迎来如今的盛世繁华。

人活一世，总要有所作为。认准了方向就全力以赴，干出个名堂。不是所有的成功都是为了追求金钱和名利，而是那些已经为数不多的情怀。这才是有格局的成功，并非狭义的、功利性的浮光掠影。

如果说，黄鸿翔做的是一件影响世界的大事，那么他就是在古老的土地上坚守着朴素情怀的代表。

经常去西藏的人，可能都到过一个地方——天堂时光旅行书店。曾经有人说："全世界海拔最高的书店有两家，一家在海拔4718米的纳木错，一家在海拔4850米的阿里。"其实，这两家书店都是老潘开的。

老潘是一个地道的北京人，毕业于北京电影学院。做过导演，拍过电影、纪录片，也是自由摄影师。爱笑的他，是一个充满理想主义的"文青"。

有一年，老潘到纳木错给藏区拍宣传片。临走时，问老支书缺什么，老支书脱口而出："缺一个汉语老师。"老潘当即承诺，拍完电影就回来当老师。本以为是句空口玩笑话，没想到老潘很快就打包返回藏区支教了。

支教那一年，老潘带了7个班，负责语文、音乐和美术课的教学工作。这一年是他获得温暖和欢乐最多的一年，也是他愿意停留下来做些什么的一年。支教结束后，老潘在布达拉宫对面开了家书店，那是可以给旅人提供温暖的一方世界。就这样，世界上海拔最高的书店诞生了。

可能很多人认为他是一个看中商机的俗人，做生意不赚钱，靠什么长期经营下去？今后如何生存？是的，赚钱或许是大部分书商的选择，但对于有着理想主义情怀的老潘来说，他只出售明信片。凡是支教老师借的书，最后都会捐给支教的学校，甚至连书店的盈利也全部捐给了学校。因此，老潘的书店一直在亏损，不过他倒是一点儿也不在乎，全凭情怀支撑。

也有人说他傻，掏空自己，造福别人，做公益事业值得吗？

老潘笑笑说："人生中遇见的人一定不是无缘无故，而是命中注定的缘分。"

正如他书店的墙上写着的仓央嘉措的诗，那是根植于内心深处的爱和怜悯，是一个专属于老潘自己的内心独白，也是他一个人的朝圣。用出世的心，做入世的事，不执着于得失与成败，和喜欢的一切在一起，足矣。

人的一生都在修行，修身，便求仁得仁，获得了世俗的成功；修心，却可以用微粒的波动对未来造成"飓风"的影响。老潘用悲悯的情怀影响了风向，把温暖和爱传到了远方。

有见地的人，
善于管理自己的时间

在写作群认识的一个朋友苦恼地问我："你怎么在工作之余还能保持每日创作一万字？我一个晚上写八百字左右，都觉得很艰难呢！"

经过细聊，我才了解到她苦恼的原因。她的时间是这样安排的：每天晚上八点打开电脑，先登录QQ，看看空间动态，然后看看新闻，玩一会儿微博，接着逛逛常去的论坛，回复几个帖子，一看时间早已是九点之后了，这才想起今天的写作计划还没有完成呢！

到了动笔的时候，因为她之前一直没有进入写作的状态，文章的开头写了删，删了写，写了改，一个小时过去了，依然没有完成。等到写好300字的开头，又过去了一个小时。在她写作状态渐入佳境时，已经十二点了，为了不耽误第二天的工作，只得关机休息。这样看来，她真正留给写作的时间，根本不到两个小时，还要除去中间没有思路、抓耳挠腮所耗费的时间。

所以，你只是尽量让自己看起来很努力。每天起得比鸡早，睡得比狗晚，没有成绩，那又有什么用？

在科技高速发展的今天，时间就是效率，效率就是一切。你若再不改变，很可能会被别人替代。正如刚兴起的智能手机，无数个竞争对手去开发，谁的时效性越强，耗时越短，谁就能提前占据市场，获得压倒性的胜利。

作为职场人，想要拒绝平庸、追求卓越，除了利用碎片化的时间充实自己以外，还要学会时间管理，提高自己的效率和自我完善的速度。最重要的是，在学习过程中要专注，将这段时间真正地用来全力以赴地完成任务，而不是消磨时间，浪费青春，打乱最初的目标。

我曾听过一个大师的课程，从她的课程中了解到她从事过高级培训讲师、出版人等很多工作。

在她刚刚进入出版行业时，有了第一个孩子。为了全心全意地照顾小孩，她便辞了工作。时间久了，她觉得不能再长时间搁置自己了，否则很容易与这个行业脱节，被社会淘汰。于是，她给自己制定了一个目标——三个月内出版一本书。

有了目标，就有了动力。她每天忙完家务后，会抽出一个小时来完成800字的写作。过了几个月，她的第一本书出版了。

常听身边的朋友说，自己还有很多未了的心愿，还未实现，就开始变老了。可是，等你仔细问过他们的日常就会发现，他们把大量的时间都花在了无关紧要的地方，看电视剧、刷微信朋友圈、逛微博，甚至发呆……他们最大的问题不是没有时间，而是想得太多，做得太少。

认识一个时间管理"达人"，她每天都会在朋友圈发一些有意思的"动态"，包括自拍照、有趣的地方、今天的运动分享……看起来得生活无比惬意。实际上，她经营着一家大公司，每天要处理很多事情，非常忙碌，但她还是坚持抽出时间来读书、学习、插花，用心生活。

我好奇地问她："你每天怎么能完成这么多看起来不可思议的事情？"她告诉我，她每天都会给自己留一张便签，记录一天要完成的事情。虽然排得很满，但她每做一件事，就会立即进入状态，调动全身的积极性去完成它。这样，做完每一件事，都能节省一些不必要消耗的时间。时间久了，她的状态一直"在线"，不会出现因为不在状态而"掉线"的情况。所以，她总能比别人多出很多时间和精力，也就能利用这些时间去做更多有趣的事情了。

有见识的人，都在学着管理自己的时间。我们无法延长生命的长度，却可以把握它的宽度；无法预知生命的外延，却可以丰富它的内涵；无法把握生命的量，却可以提升它的质。

做事专注的人，
更容易让梦想照进现实

不久前，我的一名学生的父亲打来电话，他19岁的儿子今年要在北京举办个人画展，并邀请所有教过他的老师参加。没过几天，我就收到了一张从北京寄来的门票。

说实话，作为一名特殊教育的老师，最大的幸福莫过于听到这些自闭症孩子能够康复、走出孤独的消息。

默默是"来自星星的孩子"，也是我带的第一个自闭症患儿。听他父亲说，默默3岁时，因为说话、动作迟缓于同龄人，被诊断为自闭症患者。得知这个消息，他父亲都快疯掉了。由于生意特别忙，只好给默默请了专门的陪护，但只要稍有空闲，夫妻二人就会带他到自闭症康复中心进行康复培训。

//

　　我是美术老师，第一次见到默默，便让他画鸡蛋。没想到，他拿起画笔，很快就安静下来了，连续画了几个惟妙惟肖的鸡蛋。他的父亲也非常惊奇："平时他在家情绪不稳定，只有拿起剪刀剪纸的时候，才会安静下来。"

　　了解了孩子的爱好，我便有意识地培养其绘画方面的才能，常常拿出一些物品，让他照着作画。默默作画非常专注，不管环境多么嘈杂，只要拿起画笔，他立刻就能进入画中世界，常常一画就是几个小时。更令人惊叹的是，无论什么物品，只要他看过一眼，很快就能画出来。后来，我便有意识地培养默默以人物作画，他非常专注，把老师和小朋友都画了一遍。

　　因为喜欢画画，我带他参加群体适应训练时，他愿意和其他小朋友玩耍，也很快获得了小伙伴的认可。慢慢地，默默学会了控制情绪，生活能够自理了。虽然还是不爱说话，但是他愿意主动跟别人问好，也开始学着关心周围的人。除了在语言结构上差点儿，社交行为有些刻板，其他方面已与正常人无异。默默离开康复中心的时候，已经可以主动开口表达自己的观点和需求了。之后，我也时常和他的父母保持联系。

　　回到家后，默默的生活依然特别简单，除了吃饭、睡觉，他把所有的时间都用在了画画上。他的父亲给他请了许多专业的美术老师来教学。这些老师一致认为默默的灵感很多，致力于让他自由发挥创作。从画鸡蛋到画人物，再到油画创作，他一直都在坚持画画。

在第一次参加北京举办的自闭症孩子的画展上，默默的画作一鸣惊人，并得到了许多专家和外界人士的认可。后来，他陆续参加了很多画展，名气也越来越大，还与国内知名画廊达成了签约合作。

很多时候，我们在实现梦想的道路上屡屡受挫，很多人都会忍不住问："梦想与现实之间究竟有多远？"

一个"来自星星的孩子"告诉你，梦想与现实之间最短的距离是专注。没有太多杂念，也不存在对很多不确定因素的焦灼，只是画画，画自己喜欢的人，画自己喜欢的风景。做自己喜欢的事，做一个不被打扰的追梦人。

有人说，你所有的经历都会在未来某一天反馈给你，或消极，或积极。你不必知道，也不用急于知道，只需在这个过程中，专注自己要做的事，静静等待便是。

朋友的孩子是一个早产儿，自小身体就非常虚弱，遭遇一点点风寒，就可能恶化为肺炎。为了能让孩子有一副健康的体魄，爸爸坚持每天陪着孩子穿短裤跑步。起初，每天跑步的时间并不长，后来，根据孩子的身体状况，慢慢地增加了跑步的时间。即使在寒冷的冬天，父子俩依然只穿短裤跑步。对于普通的成年人来说，冬天穿得薄一点儿出门都会冻得瑟瑟发抖，何况是3岁的孩子？妈妈和姥姥心疼得掉眼泪，极力反对爸爸的这种做法。然而，爸爸却有自己的坚持："现在你们对他心软，就是对他的健康不负责任。在冬天坚持洗冷水澡、冬泳的人比比皆是，只要适应了，便可以对他的健康有所帮助。"

在爸爸的坚持下，爷俩跑步一年后，孩子的身体素质越来越好，已经很少感冒了。即使受了风寒，经过身体的自行调节也很快就能恢复健康。此后，孩子将跑步的习惯一直坚持了下来，还成了他最热爱的运动项目。

后来，孩子报名参加了地区举办的马拉松比赛，没想到，代表学校的他居然获得了第一名。接着，他被选拔到市里参加马拉松比赛，也拿到了冠军，城市之间的马拉松联赛，他依然获得了靠前的名次。现在的他已经是职业的马拉松选手了，参加了很多国际比赛，获奖无数。

正如马克·吐温所言："人的思想是了不起的，只要专注于某一项事业，就一定会做出使自己感到吃惊的成绩来。"

一个专注的人，往往会把时间、精力和智慧全部凝聚到所要做的那件事情上，并且最大限度地发挥自己的积极性和创造性，努力实现自己的目标。即使在遇到困难和挫折的时候，也会勇往直前，直到成功。

梦想很大，大到我们无法承载它现实的重量；梦想很小，小到只要我们一直坚持不懈地奔向目标，就可以轻易实现。而专注就是从现实通往梦想最短的距离，它可以把一个人的潜力发挥到极致，摒除所有杂念和私心，心无旁骛地跟时间赛跑，追上梦想的脚步。

第五章

想要的都拥有，得不到的都释怀

愿你既能朝九晚五，
又能浪迹天涯

"小青是我见过的最会享受生活的女子。她有一份稳定的工作，根本不用操心生计。闲暇时，或是妙笔生花，或是游山玩水。既可以朝九晚五，又能够浪迹天涯。这样的生活，真让人羡慕！"花旗旗一边翻着朋友圈，一边对老公感慨。

老公移开盯着手机屏幕的视线，对花旗旗说："这样的生活，你也可以随时拥有。"

花旗旗放下手机，认真地想了想："不行，我觉得自己放不开，总会杞人忧天。家人生病了，没有钱救治怎么办？孩子想学琴，没有钱报培训班怎么办？总之，我无法做到毫无顾忌地把钱花在旅行或让生活变得有品质上。是不是我自己挣得钱还不够多，缺乏安全感？"

花旗旗满脸担忧，却又充满压抑不住的渴望。难怪生活中谨小慎微、顾虑重重的她不能像小青那样随心所欲。

认识小青的人都知道她爱笑，无论你何时看到她，她好像都在笑，那种宁静、温和的面容，总是让人很安心。她身上散发着满满的能量，让你愿意把自己的心里话全讲给她听。

最初，花旗旗和其他人一样，认为爱笑的小青一定是个才华与幸运并存的女子。不然，她怎么会有那么通透的心，一面平静地努力写作，一面淡然地去旅行呢？在她的文字里，你可以感受到生活既有温度，又有风情。

直到后来，无意中得知小青从小就有听力障碍，她的学业全部是在特殊学校完成的，花旗旗才明白这个既美丽又聪慧的女子竟然令人如此心疼。

花旗旗一边流泪，一边给小青发微信。虽然小青在微信里回复花旗旗"我会唇语，可以跟你视频聊天"，但花旗旗认为这样做无异于亵渎自己心中的女神。

看到花旗旗发过来的文字，小青随即回复了一连串的"笑脸"表情，试图驱散那片郁积在花旗旗心头的阴云。随后她又回复道，在特殊学校里，她生活得很开心，她的文字也得到老师和同学们的认可，还创立了校报。只是因为听不到别人说话，所以她脸上才会总是挂着微笑，久而久之，也就成了一种习惯。

　　毕业后的一次求职，小青向招聘单位投递简历，并附上了自己多年来创作的文章。真是文字带给她的好运，几个月后，她收到了当地检察院的录用通知书，顺利成为检察院的一名打字员。后来得知，打动检察院招聘负责人的正是她多年来用心创作的文章。

　　有了正式工作后的小青，一边做打字员，一边利用业余时间继续写作。为了了解一份杂志的风格，她订阅了一整年后，才开始动笔写作。在写作的过程中，她结识了一群志同道合的朋友。工作之余，她会拿出一部分积蓄跟朋友们相约去旅行。她说："读万卷书，行万里路，身体和灵魂总得有一个在路上。"

　　作家大冰说："请相信，这个世界上真的有人在过着你想过的生活，愿你我既可以朝九晚五，又能够浪迹天涯。"小青的生活状态，与大冰的观念不谋而合。

　　去年，花旗旗生了二胎。二胎的到来，完全打乱了她的生活节奏。面对一个人带孩子的无助，争吵不断的婚姻生活，花旗旗的内心无比烦躁。她希望能从小青那里获取些许心灵上的安慰，于是，小青便成了她倾诉的对象。那段时间里，小青每个夜晚都会用有趣的话语和温暖的故事来安慰花旗旗那颗焦躁不安的心，陪伴她走出情绪低谷。后来，花旗旗无意间在朋友那里得知，当时小青跟爱人一别两宽，婚姻已走到了尽头。

发现自己竟做出如此"恶劣"的行为，花旗旗满怀愧疚地问小青："那时候你为什么不说出自己的苦闷呢？说出来，也许心里会好受一些。"没想到，小青只是平静地回复："我不想做'祥林嫂'，让朋友们一遍又一遍地跟着我受虐。"小青就是这样的女子，宁愿一个人在黑夜里痛哭，也不愿给别人添麻烦。

经历了太多生活赐予的磨难，小青变得更加成熟了。如今，知性如她，浑身都散发着迷人的优雅与从容。她辞去了检察院的工作，一边写作，一边着手创业——蜂蜜生意。在她发布的朋友圈"动态"里，永远都是那人间四月天的笑容，仿佛世间所有的苦难，都化作了甜甜的蜂蜜，滋润着每一个关注和喜欢她的人。

就在前不久，小青还参加了"青海省魔豆妈妈创业大赛"，并荣获一等奖。在朋友的喝彩声中，小青依然淡泊名利，浅笑如初。如果说，大冰是远方的一片海，那么小青就是一缕清

//

风。虽然大海波澜壮阔，但风无处不在，自在随心。

　　既可以朝九晚五，又能够浪迹天涯，很多人都羡慕这样的生活。然而，能够真正做到放下压力，解放心灵，愿意走出去的人又有几个？城市囚禁的只是你的身体，而你画地为牢，将自己的心也牢牢地囚禁在城里，却又羡慕别人的远方。其实，你不知道的是，你也是别人的远方。

　　如果说朝九晚五是一种开机状态，那么浪迹天涯就是一种待机模式。羡慕并不代表自己永远无法实现，只要你想，随时都可以切换想要的状态，何必在别人的影子里浪费自己的青春。愿你回头有奇妙的故事，低头有坚定的脚步，抬头有明晰的远方，活出自己向往的模样。

你的心理障碍，
有时需要别人帮忙解除

听完音乐会，奥利一个人去喝咖啡，恰巧碰见了一位许久未见的朋友。

"嗨！奥利，真的是你？"朋友兴奋地上前拥抱她，"哦！我太激动了！你知道上个月我刚去听了你的演奏会，真的是太棒了！"

"谢谢，谢谢你一直这么喜欢！"奥利从容地微笑着。

朋友仍然很激动："你一直那么优秀，我简直不敢相信自己居然和你是朋友。有你这样出色的朋友，周围的人都特别羡慕我！"朋友非常诚恳地感谢奥利，也正是因为奥利，她才拥有了现在的工作——当初朋友面试时，面试官恰好是奥利的粉丝。他认为，能和奥利这么优秀的人做朋友，自己特别幸运。

听着朋友的回忆，奥利万分感慨：自己能有今日的成绩，与克服胆怯的那件小事是密不可分的。

小时候，奥利是一个羞怯的女孩。5岁时，她听从妈妈的安排，开始学习小提琴。与奥利同期学习小提琴的女孩，早已在圈内小有名气，尽管老师一直说奥利是一个有天分的孩子，甚至比同期的女孩更出色，但奥利依然寂寂无闻。奥利的害羞胆怯，导致她不敢独自演奏，更不敢面对台下的众多观众。为此，奥利的妈妈非常着急。

有一次演出，老师本来安排奥利和另一名同伴共同表演。即将登台时，同伴出了事故，无法赶到现场。情急之下，老师只能让奥利一个人上台。当时，陪伴奥利演出的只有休假在家的爸爸——作为一名军人，平时就很少在家，性格也比较粗暴。6岁时，奥利逃课被爸爸发现，愣是被罚徒步跑上了山顶公园。看到奥利这幅惊慌失措的样子，军人爸爸勃然大怒，一把将她推上了舞台。

奥利对爸爸的恐惧超过了紧张，竟然出色地完成了表演，并获得了人生中的第一枚奖章。

也许有人会说，这算什么？只是，你是否记得一个男人被踹下鳄鱼池的故事。

有一位富翁扬言，谁敢从他的鳄鱼池里游过去，就可以成为他的乘龙快婿。池中数条鳄鱼凶狠地看着岸边，围观者面面相觑，突然，一个瘦弱的男人纵身跳入池子，从鳄鱼群中仓皇地游了过去。认识他的人纷纷向他祝贺，称赞平时胆小且不会游泳的他，竟敢跳下去。这时，男子脸色苍白地吼道："刚才是谁把我推下去的？"——连他本人也不知道自己有那么大的潜力，别人的一个恶作剧，便促使其潜力爆发了出来。

人生也是这样，面前有更大的恐惧等着，他反而会拼尽全力，不顾一切地游过"鳄鱼池"，在绝境中突破自己。

大学毕业后，我很幸运地进入了一家集团公司工作。那年劳动节，公司总部下发了要在全公司举办诗歌朗诵比赛的通知。并且规定，每个部门都必须有参赛人员。

我所在的部门主要负责集团的总设计、图纸绘制，部门人员是一群典型的"理工男"。经理考虑再三，最终相中了我这个新入职的"小菜鸟"："小孙，咱们部门就全靠你了。你看他们，平时别说看文学著作，就连娱乐八卦都很少关注，更不用说准备诗歌朗诵了。你最年轻，距离高考也不过四年，抓住这个机会，锻炼一下自己的表演能力。我对你有信心，争取拿个奖回来，让其他部门瞧瞧，我们理科男也是有才子的！"就这样，我很不幸地成为那个被抓包的"幸运者"。

我在大学里所学的专业是建筑设计，语文早在高考结束的那一刻，便被我抛之脑后，文学与我更是相去甚远。为了不负重托，我只得硬着头皮重新捡起课本。我在准备稿子的过程中，除了改稿八遍，还观看了很多优质的朗诵视频，花费了大量的时间学习如何用气、吐字，并多次在部门内部进行现场演练，熟记内容，直到倒背如流。

比赛那天，听到主持人喊我名字的那一刻，我忽然胆怯了："万一不好怎么办？如果忘词了，丢人怎么办……"我的两条腿不听使唤地一直打哆嗦，紧张得连脚也无法抬起来，更不用说迈出登台的第一步了。这时，不知是谁从背后一把将我推了出去。

奇怪的是，在我站上台的那一刹那，瞬间就镇定了，我抬起头，深吸一口气，平复好情绪后，很快就进入了状态。

直到台下响起雷鸣般的掌声，我才意识到，这种挑战成功后的自豪感是多么令人愉悦！最后，我的演讲获得了三等奖。后来，据同事回忆，我当时的演讲除了语速稍微有些快之外，节奏掌控得非常好，肢体语言也十分到位。

//

有了那次舞台经历，在我以后的职业生涯中，无论是在管理会议上的临时发言，还是代表公司参加行业年会，几千人的会场报告，我都能沉着应对，再也没有怯场过。

很久以后，我才知道当时在背后推我一把的正是部门经理，因为初涉职场时，他也是这样一个"小菜鸟"。

人生的轨迹是一次又一次选择的结果串联起来的，每一次选择，既需要我们有足够充分的知识势能，也需要临门一脚的助力。跨越心里的那座大山时，也许需要别人的帮忙。

努力的人，
运气都不会太差

多年前，我和同事一行人到外地出差，路过一家老客户的工厂，便顺道参观了一番。厂长带领我们参观时，恰巧他们的一台设备出了问题。我当即推荐了一位专业的机修师傅，没想到，厂长却果断地拒绝了。接着，他出去打了一通电话，没过多久，便来了一位黑瘦的小伙子，人们都叫他小张。

我们一行人特别好奇，小张究竟有什么本事，居然能让厂长拒绝一名专业的机修师傅？

小张很快找来工具箱，熟练地这儿敲敲，那儿查查，然后，手法娴熟地将某个部件拆下来，拧紧了其中的一颗螺丝钉后，便示意旁边的工作人员开机试运行。

　　经过小张的一番排查，设备竟然轰隆轰隆地运转起来了。我看了一眼手表，前后维修的时间居然不超过一个小时，真是太厉害了！

　　我非常惊讶地夸奖道："小张，你可真不简单！至少得高级技师吧？"

　　小张黝黑的脸上闪过一丝羞赧："不是，我只有高中文凭。"

　　厂长一脸自豪地说："厉害吧？他可是我花重金挖过来的宝贝！"

　　原来，小张是一名退伍军人。转业后，没有什么技能的他，便在亲戚的加工厂当司机。不过，他是个勤快、爱琢磨的人。亲戚家工厂里大都是二手设备，三天两头出问题，每次找维修师傅修理的花销都很大，对于利润本来就不高的工厂来说，再这样下去，迟早得关门。一次小张看到出问题的设备后，便主动让亲戚交给他试试。于是，他就拆了一台破旧的设备，自己琢磨。

　　第一次拆设备，缺乏经验的小张拆完了就没有装上。不过，幸好这是台老设备，亲戚也没计较。虽然没装上，但是这台设备也为小张的学习做出了贡献。小张对照着设备的说明书，一边上网查资料，一边学习和观察设备的结构。没过几天，一台同样型号的设备又坏了。这次，小张又自告奋勇。在亲戚的担忧下，小张利用自己所学到的知识，给这台设备来了次"大换血"。经过"大换血"的设备，一直工作到现在……小张的技术越来越专业，名声也就传开了。

"那你是怎么把他挖来的？"我忍不住问厂长。

厂长哈哈一笑："因为我答应出钱让他上大学，等他学成归来后，让他坐技术总监的位置。他现在正在备考呢！"

你的时间花在哪里，哪里便能盛放出你想要的花朵。虽然不是所有的付出都能有对等的回报，但也许正是这一种经历，就能让你获得圆满。

在我们周围，常常听到怀才不遇的声音。这些人，大多数凭借自己的高学历自视甚高，傲视一切。工作上，上班比谁来得都晚，下班比谁走得都快；周末加班，不是叫嚣公司违反劳动法，就是满腔的不满和抱怨；交给他们具体的任务时，却总是完成得一塌糊涂。

在这些人身上，你能感受到的都是满满的负能量，根本没有一点儿进取心。当别人都在学习新的管理理念、攻克新的技术难关、提高个人技能和工作效率的时候，这些人还一直在"啃"自己过去的功劳簿。

学习是台时光机，它在时间的轨道上移动着我们的财富。你只有不停地奔跑，才能离开原地，获得新机会，进入新世界。

我的一个高中同学，学习成绩一般，并没有考上大学。后来，我听说他去了上海，进厂当了一名电焊工。

去年同学聚会的时候，他也来了。席间，大家各自聊起了自己的近况，当然，其中难免有些炫耀的成分。轮到他的时候，有一名女同学快言快语："你就免了，我们都知道你在上海做焊工。"此言一出，居然招来了几个男同学的嗤笑声："是啊！我们这一桌人，有小学老师、律师、基层管理者，还有设计师。在大部分人眼里，应该都是各自领域里混得还不错的中层了。"

那位同学淡淡一笑没有作声，倒是旁边跟他关系不错、同在上海工作的同学看不下去了，说："他现在可是整个上海市的首席焊工，每年有一半的时间都在出国学习，另外一半的时间各处指导工作，年薪早已过百万了！"在场的大部分人都震惊了，一时不知道该说什么。

成功从来都不是一蹴而就的。罗兰说："人的一生当中应该做点错事。做错事，就是长见识。"可见，见识也是前人对于错误的无数次总结。人类要发展，就要敢于犯错误，只有在错误中不断吸取，不断积累，才能将这些见识变成人类的知识存量。

在这个知识大爆炸的时代，人才层出不穷，你要做的不仅仅是终身学习，更需要的是努力工作，不断提升技能，积累经验，确保你正处于不断地加速奔跑的阶段。

这个世界，既残酷又温柔。但只要你坚持不懈的努力，踮起脚尖便能够到你想要的未来。请相信，努力的人，运气都不会太差。

遵循"一万小时定律"，
就一定会有收获吗

"西街开了一家很棒的烧烤店，下班后我们去试试？"

"今天不行，我刚报了成人古筝班，今天晚上开课。"梅朵不好意思地笑笑。

"没事儿，我们改天再约。"李墨很不在意地回答。然后，又随口问了句："对了，梅朵，你哪天有空？"

梅朵翻完备忘录，一脸歉意地回答："对不起啊！我最近都没有空。明天下班要上瑜伽课，后天是小儿推拿，周五晚上学美甲，稍后还要听一节精品课。只能周末约了！"

"天哪！"李墨大吃一惊，"你学这么多东西，吃得消吗？"

梅朵自豪地说："还好吧！我身边的朋友都在学习。"

梅朵告诉她，朋友 A 喜欢美甲，就去学了一年美甲。最近刚刚辞职，开了一间自己的美甲店，现在比上班还舒服，挣得也多；闺密 B 在家带孩子，因为孩子老生病，就去学了小儿推拿。后来，她在楼下开了一家小儿推拿店。没想到，生意特别火爆，很受"宝妈"欢迎。

然后，梅朵满脸憧憬地说："她们才学了一两年，就能自主创业了。我学了这么多技能，将来肯定比她们强！"

看着李墨难以置信的样子，梅朵一个劲儿地劝她："墨墨，我觉得你也应该学点儿东西，不能荒废时间，不然会被同龄人抛弃的。"

"哪有那么容易，任何技能都不是一朝一夕练成的。"对于李墨的担心，梅朵颇为自得地回答："看，这就是不学习的结果。"她清了清嗓子，继续说："难道你没听过一万小时定律吗？"

"什么意思？"看着李墨一脸懵的样子，梅朵叹了一口气，放下手中的东西说："趁着还有时间，我跟你解释解释吧！所谓的一万小时定律，就是想要在某个方面有所专长，需要坚持一万个小时。"简单地说，就是按照每天八个小时，一周五个工作日来算，大约需要五年的时间才能在该领域有所起色。

几个月后，李墨发现梅朵又恢复了每天刷微博、看八卦的习惯。按她自己的说法，推拿学起来太累，学了一节课，觉得没意思，就不再去了；美甲还不如掏钱让别人做，不仅漂亮，成本还低；至于瑜伽，拉筋实在太疼了，不是不努力，而是真的吃不了苦……

"那也挺好，最起码你知道了自己喜欢什么，古筝肯定学得不错了！"李墨不吝赞叹地夸她。

梅朵悠悠地叹了一口气："可别提了，虽然古筝学起来不难，但大部分时间都是叮叮咚咚地练指法，太枯燥了。"

"可是，你不是一直在坚持吗？总会学有所成的！"李墨的鼓励换来的是梅朵的白眼，"因为太简单了，将来也没有什么含金量。所以，我最近开始学钢琴了"。

你身边肯定也有梅朵这样的姑娘。她们年轻有冲劲儿，也愿意花费大量的时间去学习，一天到晚忙忙碌碌。这样努力的姑娘，怎么会有理由不成功呢？结果，那些一直很忙碌的姑娘，还是老样子，似乎一点儿长进也没有。走近她们的世界时，你才发现，她们只是努力让自己看起来很忙碌而已。

一万小时定律，我坚持了呀！同事去年计划读56本书，结果到年底读的还不到一半，我不一样，今年读完了57本书。可等你看到同事的书单时，就会茅塞顿开。因为同事完全是针对工作需要，提高管理理念、业务技能或者高效的工作方法而列的书单，而你只是为了消磨时间，读了57部网络文学作品。所以，同事的职位越来越高，而你和他的距离，则在57本网文之后渐渐拉开。

马云曾在一次演讲中说："一个创业者，创业前应该想清楚三个问题：第一，你想干什么？不是你父母让你干什么，不是你同事让你干什么，也不是因为别人在干什么，而是你自己到底想干什么；第二，你该干什么？想清楚要干什么的时候，你要想清楚，我该干什么，而不是我能干什么。第三，我能干多久？我想干多久，这件事情该干多久就干多久！"

做任何事情，不要盲从，不要跟风，要有自己坚定的目标，并努力向着目标迈进。

小欧从小就喜欢蓬着的公主裙，喜欢用彩纸为芭比娃娃做婚纱。她最大的梦想就是成为婚纱设计师，创立属于自己的品牌。

当她还是设计学院的大一新生时，就很重视自己的学习。每天除了老师布置的课后作业外，她还要求自己完成至少两份婚纱设计稿，模仿很多设计大师的作品，同时还抽出时间关注"时尚芭莎""婚纱时装秀"的微博"动态"。

　　她的努力使她快速成长。大二时，她就获得了"大学生首届婚纱设计大赛"二等奖。当时，评委对她的作品给予了极大的肯定，同时也指出了作品的弊端，就是太过于注重纱的堆砌，好的作品需要化繁为简，根据个性人的不同，突出新娘的个人魅力。虽说台上的小欧虚心接受了评委的建议，其实她内心还有自己的看法与坚持。她坚定地认为，那是她不同于别人的设计风格。

　　大学的时光很快过去了，对于她的毕业作品，老师给出了中肯的评价，并指出了唯一存在的问题——过于执着纱的堆砌。若每幅作品都是如此，那么便像一篇华而不实的散文，过于重视辞藻华丽，反而空洞无物，没有情感的交流。

　　一个好的作品，不仅要体现设计师的精湛技艺，还要有细腻、有质感的情感交流。可以给人带来强大的冲击力，这样才是有力度、鲜活的好作品。

　　然而，小欧依然我行我素。几年过去了，当年与小欧齐头并进的朋友，听取了老师的建议，努力消除自己存在的缺点，慢慢地在婚纱设计行业闯出了一片天。他们设计的作品有灵魂，有温度，偶尔还能跟国际大师同台表演。而执拗的小欧，依然还在做着堆砌的设计。虽然她的收入高出很多同龄人，但她的作品却只能流入那些高级的私人定制。

一万个小时的努力，我并不否认它的重要性。只是，天天泡在图书馆的你，真的知道自己想要什么吗？天天加班熬夜的你，每天重复同样的劳动，真的能达到你的心理预期吗……

内心强大的人，不会过分偏信一万个小时的天才理论，他们注视着坚定的目标，善于听取别人的建议，不断地修正自己，最后获得了成功。

逆风而行，向阳而生

　　她是一个热心的人，自称"情感分析师"，常常热心地在微博上回答博友的留言，帮助他们解决生活中的烦恼。在博友眼里，她开朗，爱笑，非常乐观，好像无论什么困难她都能解决。

　　因为和前任的感情纠葛，我和她交流过几次，从那以后，我们俩成了无话不谈的好朋友。

　　有一天，看她在微博上发布了自己种的白菜，还有自制的风干腊味的图片，我很羡慕地评论了一句："你的婚姻真完美，看得出你的生活很安逸，不然怎么能有这么快乐的你。"

　　过了一会儿，她给我发微信视频："你觉得我是一个泡在蜜罐里的女人吧？"

　　我毫无怀疑地回答："当然是啊！你看你做的腊味，种的白菜，把生活经营得有声有色。一个生活不幸福的人，怎么能心无旁骛的做这些琐碎的事情？"

　　然后，她看着谈笑自若的我说："你知道吗？一年前，我两岁的儿子死于车祸。其后，不到两个月我和丈夫就离婚了。"

　　我惊讶得说不出话来。她淡然一笑，"那段时间，我几次在深夜爬上楼顶，呆呆地望着楼下，真想一'跳'了之。最后那次，我刚跨过护栏，就接到了母亲的电话。听着电话中母亲那嘶哑的嗓音，我回过神来，顾不及挂断母亲的电话，就蹲在楼顶号啕大哭。"她说，过了很久她才知道，那段日子母亲怕她想不开，每天晚上都在她家楼下守到天亮才离开。那晚，母亲亲眼看着她站在楼顶上，她不敢想象母亲当时的心情是怎样的。

　　从那以后，她把一切都看淡了。人生在世，总有一天要离开，与其悲伤的煎熬着，不如转化为延续儿子活下去的勇气。于是，她坦然接受了儿子夭折的事实，也从容地面对了离婚的现实。

　　沉默了好久，我艰难地说："难怪你能看得那么开！不过，都过去了，不是吗？"

　　"是啊！都过去了。"说这话的时候，她恬淡而宁静，恍如昨日的灾难不曾给她带来过沉重的打击。

"接纳死亡就是对生命最高的尊重。"她打破沉寂，平静地说。这句话深深地刻在了我的心上，至今仍记忆犹新。

我接过她的话："也许是因为经历过刻骨铭心的痛，扛住了疾风暴雨的摧残，才磨砺了如今淡然的你，支撑着你继续走下去。"

你羡慕别人游刃有余、得心应手地应对生活中面临的各种磨难，殊不知他们曾经也跟你一样束手无策。一时的得失并不能代表什么，生活给予了我们太多的痛，也会相应地补偿给我们更多的爱。

如今，她经常去做一些安全类的公益活动，用自己的经历去提醒"驾驶员"，提醒家长和孩子，力求让更多的人避免她所遭受过的痛苦。

尼采说："不尊重死亡的人，不懂得敬畏生命。"正如一片叶子由盛转衰，回归寂灭，都是生命中不同阶段的存在形式。敬畏生命，才能更好地把握人生，珍惜当下。

为了省事，我时常到街角的一间店铺买早点。这家店的店面非常小，仅容两个人转身，但收拾得很整洁，门口挂着一串风铃，还用千纸鹤折了一挂帘子，看起来又舒适，又温馨。

买早点的大都是年轻人，女人总是笑呵呵地为他们舀粥，打包，递过去。然后，善意地提醒几句，"工作不要太拼""得注意饮食规律"之类的话。

生意忙的时候，她会喊店里做手工的男孩帮忙。有段时间，我常常看到本该是上学的时间段，男孩却一直在店里。

于是，我便善意地提醒："孩子上幼儿园了，就可以有很多小朋友和他玩，也不需要你天天看着，提心吊胆了。"

女人脸上的笑容收敛了一下，然后略含苦涩地笑着说："之前也送过，可是，这孩子有血友病，稍有磕碰就流血不止，必须及时送去医院止血。学校不敢承担责任，上学的事情就这样被耽误了。"

我怔了一下，赶紧致歉道："对不起，我不知道是这样的情况。"

她温和地笑了笑说："没关系，我们这片区域的人都知道，我早就习惯了。"

接着，她打开了话匣子。她的娘家有遗传史，他们的第一个孩子是个女孩，生下来就有轻微的唐氏综合征，怀上二胎后，她和老公一直小心翼翼地呵护着，满怀希望地生下了第二个孩子。所幸，孩子健康地长到了一岁。直到有一次，孩子的腿上划破了一个小口儿，血流不止，送到医院后，才被查出是血友病。老公受不了打击离家出走了，至今未归。

"像你家里的这种情况，可以向社会寻求募捐，让大家来帮帮你。"我提出自己的建议。

她笑着摇摇头说："我们现在的生活很平静，也很满足。有很多的知情人来我店里买东西，还经常介绍亲戚朋友们过来买早点，甚至还有许多好心人替我出主意，帮助我带孩子。两个孩子也很懂事，女儿乖巧，儿子也不乱闯祸。现在的日子虽然清贫，但我觉得特别安心和知足，没有什么比一家人在一起更幸福的事了。"

有些事情不是看到希望才会坚持，而是坚持了才会有希望。她坚信，只要把日子经营好，老公总有一天会想明白，重新回到她们身边。

生活不可能总是一帆风顺的，它常常伴随着苦难、烦恼、痛苦和悲伤。也许是无处可逃的生存压力，你需要独自承受；也许是遭遇了不公平的待遇，你无力反驳；也许是陷入了前所未有的绝境，你难以自拔。但请你记住，永远别低头，莫放弃，笑对每一道坎坷。昂首挺胸，逆风而行，向阳而生，才能把阴影甩在身后。

能掌控自己的情绪，
是一种高贵的品质

晚上，我下楼倒垃圾回来，碰见邻居一个人在楼道里待着，便上前打招呼："怎么这么晚还不回家呢？"邻居苦笑着说："儿子今年高三，这次摸底考试没考好，压力大，情绪比较差。我最近咽炎又犯了，咳嗽声太大，怕吵到儿子，就在外面待一会儿。"

正说着，他的家里忽然传来一阵儿咆哮声。他抱歉地笑笑："可能是他妈妈吵到他了，我得回去看看。如果晚上吵到你，请你多担待。"

看着邻居疲惫不堪的样子，我忍不住向他建议："离高考还有两个月，你们总不能保持这样的状态迎接高考吧？再说，你白天还要上班，晚上再休息不好，时间久了，你的身体会出问题的。我觉得你最好和孩子聊一聊，让孩子学会适当减压。"

说到这里，邻居立刻紧张兮兮地说："不行啊！孩子的课业本来就重，心理压力也大，如果我再施加压力，恐怕他承受不住，影响了发挥怎么办？我身体还吃得消，再坚持两个月应该没问题。"

我摇摇头，准备合上门。这时，对面的门开了，孩子的妈妈也出来了，红着眼睛说："我怕他学习累，就把切好的水果和倒好的牛奶端进去。没想到，孩子大发脾气，把我赶出来了。"

邻居拍着她的肩膀，轻声安慰道："老婆，特殊时期，孩子也累，我们多体谅吧！"

过了几天，我刚下班回家，就看到邻居在楼道里等着，他一脸歉意地对我说："毛老师，实在不好意思！孩子最近脾气越来越差，听到我们的脚步声都要火冒三丈，大发雷霆。您带过高三的学生，能帮助我们开导开导孩子吗？"

于是，我回家换好衣服，来到邻居家。刚走进孩子的房间，他立刻礼貌地站起来同我打招呼，还递上了茶水，彬彬有礼地说："毛老师，我知道是我爸请您来的。其实，我也知道自己最近的状态不好，总是乱发脾气，可是我控制不住自己。越着急，晚上就越休息不好，白天上课也没精神，再加上最近考试成绩很不理想，所以情绪就越来越糟糕。"说着，他拿出最近的摸底考卷给我看。看完之后，我尽量用放松的语气对他说，"以你目前的成绩，冲刺重点没问题。不过我今天不是来和你聊成绩的，只是想跟你随便聊聊"。

那天，我们聊了很多话题。我以他父亲为例，告诉他，无论学习还是工作，每个人都要面临这样或那样的压力。"你的父亲作为一家上市公司的技术主管，每天上班要面对新产品的交期滞后、研发受阻、质量问题、市场反馈不理想等问题，这些来自上级、下属、客户的压力比高考还大，如果他也像你这般乱发脾气，那么，结果会怎么样？公司的高层认为，这样的领导，协调沟通能力差，情商低，不足以匹配高层领导的职位；下属觉得，这样的领导没有解决问题的能力，只会乱发脾气。所以，在压力大的状态下，还能好好说话、做事的人，具备的是一种抗压能力强、处之泰然的能力"。

最后，我告诉他，"如果你觉得压力大得难以承受，可以通过打篮球、跑步等运动方式来缓解压力，让自己适应压力，或者将压力转换为动力。这对你目前的高考，或是以后的人生，都有至关重要的作用"。

大学时，我认识一位好友——梓新。当时，她是学生会的通讯部部长，日常工作就是安排通讯部成员采编新闻。时间久了，我发现梓新有一个特点：无论事情如何紧急，任务如何烦琐重大，她都是一副成竹在胸的样子。

虽然学校的重大新闻并不多，但学生风貌的采写任务还是非常繁重的。时常会出现人手不足，甚至还得熬夜赶稿的情况。无论手头有多少采写工作，梓新总是笑眯眯地分派下去，能够让人很自然地接受工作任务，很少有成员会产生抵触情绪。

每当这时，我就开玩笑地说："长得漂亮就是好啊，给成员分派工作，总是有人积极配合。不像我，常常有人闹情绪，关键时刻还撂挑子，搞得我焦头烂额，经常一个人孤军奋战。"

听了我的玩笑话，梓新仍是一副好脾气地回应道："我也不是不着急，只是着急和压力大并不是我向别人乱发脾气的挡箭牌，那只是能力低，沟通协调能力差和情商低的代名词。况且，你发了脾气，工作就能做好吗？显然不能，非但不能，还让工作遭受了更多的阻碍。既然如此，何不换一种容易让人接受的方式呢？"

本是一句玩笑话，没想到她的一番见解，令我受益颇多。在我后来的职场和生活中，每次我想要发脾气时，就会想到她的这番话，令我及时止损，并助我在工作中取得了意想不到的效果。而梓新因为这样的特质，在外企工作一年后就被委以重任，成为高层领导不可多得的左膀右臂。

一个人成熟的标志，就是能从容地应对各种突如其来的麻烦，即使压力再大，也有能力井然有序的处理事务。而自持身份和地位，对别人大呼小叫的人，其实是用力把自己往曾经最讨厌的失败者的路上推。

我在外企工作期间，公司有一位非常有才能的上司，无论个人能力还是业务素质方面都非常出众。不过，他也有缺点——清高孤傲、脾气差，稍不如意就对下属严加苛责和呵斥。尤其是当公司面临重大项目、任务繁重的时候，他会把来自公司乃至客户的压力，转嫁给下属以及相关的协作部门。他经常因为一些小事就暴跳如雷，歇斯底里地指责别人，导致跟他合作过的部门怨声载道。下属们对他安排的工作，总是推三阻四、口是心非；或者拖沓、延误，以致给公司带来了重大损失。由于性格孤傲、脾气差的问题，他不仅得罪了很多客户，还将团队搞得一团糟，很多工作都无法顺利进行。最终，公司不得不将他辞退。

无论是工作，还是生活中，这样的事情常有发生，尤其是熟络的朋友和亲人之间，发生的次数更加频繁。压力大就冲别人发火，即使事后采取补救措施，对方也在口头上原谅了你，然而，早在发脾气的时候，你已经被人贴上了不靠谱儿的标签。那些能控制自己的情绪，不被情绪所支配的人，终将被视为可靠的人。

压力大还能好好说话、办事的人，往往具备良好的自控能力，他们经得起摔打，扛得起重压，"泰山崩于前而色不变"，保持云淡风轻的模样，扮演着自己的角色。无论处于何种境地，他们都能迅速适应节奏，迎接机会，出色地完成各种挑战，最终成为团队的中流砥柱。

那些月薪过万的人，
你不需要羡慕

前天中午，我赴一个朋友的饭局。席间，朋友无比羡慕地说："我的一位同事跳槽了，在新公司月薪三万元，各种福利报销，还能出国考察，简直走上了事业的巅峰。唉！为什么人家跳槽就能跳出个锦绣前程，而我只能苦苦地这家公司苟延残喘？"

我平静地问她："那你有没有问那位同事从事什么类型的工作？一般情况下，高收入的同时也意味着要承受更大的压力，或许并不像你说的那样惬意和轻松。"

朋友不以为然地反驳道："那又有什么关系？同样都很辛苦，只要收入高，再辛苦一点儿也值得！"

我无奈地问她："你觉得衡量一个人是否成功的标准是挣

钱的多与少吗？"

　　意料之外，朋友很坚定地告诉我："那是你没有体会过缺钱的日子。没有钱，你如何过自己想要的生活？没有钱，你如何买房子？如何为孩子提供一个更好的未来？"

　　朋友的话无懈可击，道出了当今所有人关心的核心问题。但我并不认可把挣钱多少纳入一个人是否成功，是否活得高级的标准。或许我只是一个小富即安的人，虽然也会为了钱四处奔波，但是我并不认为挣钱多就能给我带来更多的快乐和幸福。

　　你羡慕他月入三万元，可以给孩子报一年五万元的精品兴趣班，买三万元一把的定制小提琴，还能每年让家人出国旅游。如果你过上了你认为的有品质的生活，难道就满足了？我敢肯定，绝对不会！你还会同百万年薪的人相比：为什么付出同等的时间和辛劳，别人就能轻轻松松年入百万，而我依然是个穷人——不能住高档别墅，不能购买专属奢侈品，不能宾利换保时捷……

　　人们总是得陇望蜀，渴望得到自己不曾拥有的东西，以此来满足心理上的成就感。然而，很多东西并不是你付出努力就能获得的。当然，并不是阻止你上进，也不是宣扬得过且过、不思进取的言论，我只是觉得如果把挣钱作为毕生的追求，未免有些索然寡味。除了挣钱，我们的人生还应该有其他精彩。在追求目标的道路上，少一些攀比，多一些从容，不因急于求成而慌不择路。偶尔停下来，看一看沿途的风景，何尝不是人生的阅历？

前一阵儿，我痴迷于茶道，就托朋友帮我拜在一位精通茶道的老师傅门下。有一次去茶社，碰见师傅正在待客——一位举止优雅的女人。见我进来，那女人连忙收起眼泪，抱歉地笑笑。

经过与她的几番接触，我慢慢得知，她是广州一家广式早茶店的老板。早年，她和丈夫白手起家，从一家小店面做到全国二十多家连锁店的金字招牌，生意非常火爆，目前的身价早已过亿。

经营如此庞大家业的她，在别人眼中应该生活顺遂、家庭和美，完全可以过自己想要的生活。事实上，她常常愁眉不展，长吁短叹。

刚创业的时候，他们穷困潦倒，总想多挣些钱，给孩子提供更好的生活和教育。孩子很小，常常希望她能多花一点儿时间陪伴自己，可她觉得时间很充裕，但生意的时机是不能错过的。后来生意有了起色，正值青春期的孩子不再需要她的陪伴，不仅旷课、早恋，还打架斗殴，已经换了八所学校……如今，她为自己错过了那些原本可以陪孩子一起快乐成长的时光而后悔不已。

你羡慕别人比你挣得多，你羡慕别人在某一方面取得了卓越的成就，然而，你并不知道别人默默地付出了更大的代价。这个世界往往是等价交换的。所以，当你羡慕别人有钱可以轻松实现自己心愿的同时，她可能也在偷偷地羡慕你空闲时间多，可以自由地掌控人生。

生活就像人们眼中的月亮，人们总是关注着目之所及的皎洁明亮，却无法想象布满了陨石坑的地面有多么凹凸不平。

我曾经有一个很要好的朋友，她是一个自主品牌的创始人，把公司做得风生水起，资产千万，一直是别人眼中的榜样。直到那天，我们一起喝茶时，朋友忽然哭了，她说："你不知道我多么羡慕你，有很多的时间可以自由支配，而我呢？连个安稳觉都睡不成。我现在一睁开眼就是几百号人要吃饭，还有巨额贷款及利息要偿还。"

我哑然失笑："你知道我鼓了多大的勇气才敢站在你的面前？有很长一段时间，我以为像我这样的小人物完全入不了你的眼。要知道，你在圈子中就是神一样的存在！"听完对彼此的羡慕，我们竟然笑到失声。原来，我们都是彼此眼中的风景。

竹本清华，牡丹雍容，野百合也有属于自己的春天，世间的生命都有自己独有的特质。面对别人的成功，我们真诚祝福，不必妄自菲薄，也不必怨天尤人，只需按照自己的节奏认真生活，努力追寻，不卑不亢地活出自己的璀璨人生。生活不会亏待努力的人，它会在你意想不到的时刻出其不意地回馈你，赠予你世间最美的礼物。

少刷朋友圈，
多看看别人是如何失败的

上大学时，我有个关系特别好的哥们儿，头脑非常灵活。他在校园里卖过电话卡，还给社团拉过赞助，每一笔生意他都赚得盆满钵满。大家都觉得他神通广大，纷纷向他取经："你从哪里发现那么多商机？你是不是有什么秘诀？为什么你做什么都可以做得很好……"

他半开玩笑半正经地说："哪里有什么秘诀，我不过是在你刷朋友圈的时候，多看了一眼别人失败的经历。"

同学们都很诧异，不解地问他："别人都是借鉴成功的经验，你怎么去看别人失败的经验，这有什么好看的？再说，他都失败了，还有什么经验可借鉴的？"

他反问："同样都是卖电话卡，为什么我总会比别人卖得多？"看到大家一脸迷茫的样子，他继续说："在卖电话卡之前，我曾经问过所有卖过电话卡的朋友，尤其和只卖了一张的学姐聊得最多。"

那位学姐是一个宿舍接着一个宿舍推销的，费时费力，好不容易碰到感兴趣的同学，最后还找别人买了。他回去思考了学姐的销售方法，基本上就是上门推销和卖给熟人这两种。那他再用同样的方法肯定是行不通的。

于是，他花了几个晚上想出一个妙招：凡购卡者每介绍一名好友可享受1元钱优惠，高于10个好友可吸收为校园代理，最高可享受9折优惠，并且利用QQ群、微信朋友圈、校内网、校园贴吧等平台迅速扩散出去。

现在看来，也许他的销售方法并是不十分高明，但在学生时代还是非常具有吸引力的。当别的同学还在辛辛苦苦地找客户时，他已经优哉游哉地研究新的"工作"了。等到其他同学纷纷效仿时，他早就转去做别的生意了。

后来，他通过在校外兼职交了一个事业有成的女朋友。毕业时，原本签了一家不错的单位，可是想到自己的女朋友事业有成，要强的他当即决定放弃这次难得的机会，选择自主创业。

第一次创业，他选择了餐饮行业。学校附近总共有五家火锅店，只有一家的生意最火爆。其他几家客源非常少，都不能形成其竞争对手。于是，他花了三个月的时间，在其余四家的火锅店里吃过饭、蹲过点，还和服务员、老板聊过天儿。

在他看来，所有火锅店的味道都差不多。有一家服务态度不好，其余的几家不是菜品不新鲜，上菜速度慢，就是分量少、环境差或者啤酒味儿重等原因造成了生意惨淡……

为了支持他创业，女朋友给他投资了二十万元，并在学校附近租了一层地下室。在装修上，他请学弟在进门的玻璃橱窗上设计了水循环（这样，客人一进店就能感受到清凉的感觉），店内装修颇有"80后"的年代感；食材就近选择大的农贸市场采购，啤酒选择了两个口碑不错的品牌；服务员均是大学生兼职，统一安排了岗前培训。开业时，他还推出了优惠活动。刚开业的生意并没有超过最火爆的那家，但胜在客流量稳定，后来他竟连续开了六家分店。由于精力有限，又疏于管理，导致了他第一次创业失败，欠下了很多外债。

失败后，他并没有过于伤心难过，而是马上调整自己的状态去寻找下一个商机。他回到学校请管理学专业的学弟们帮忙，和他们一起上管理课，学习管理知识。除此之外，他还到比较有名的连锁店去应聘,学习优秀的管理经验。

在学习期间,他收集了大量有关企业经营不善、破产倒闭的资料。然后,只身一人跑到广州,从销售员开始做起。整整一年的时间,他都没有更新微信朋友圈的动态。

那次,我出差路过广州,约他一块儿喝酒。此时的他很内敛,与学生时期的意气风发和张扬相比,完全判若两人。他已经连续五年没有回家过年了,挤出时间考了"二建"和"一建"的资格证书。后来,我得知他升职加薪,做到了年薪30万的技术骨干,早已还清了所有的债务。

然而,就在我们都认为他事业有成时,他却辞职去了云南,和一个发展不错的同学合伙开了一家公司,又开始创业,做起了环保工程。他负责技术开发和经营管理,同学负责拓展人脉和业务。如今,公司的运营良好,事业上蓬勃发展,大学时期交的女朋友也和他结婚了。

"十一"黄金周,我带家人到云南旅游,他专程开车来接我们。他精气神十足,恢复了以往的自信,但更加内敛和淡然了。吃饭的时候,大家聊起他以前的光辉事迹,他唏嘘不已:"做火锅店生意时期,我整个人都处于特别浮躁的状态,总想打造属于自己的商业王国,最终因为管理不善而一败涂地。开始的一段时间，我真是心灰意冷了，可后来想想还是不甘心！于是，我研究了众多因经营不善而破产的企业，发现它们大多都败在管理和内耗上。如今，这些经验对我的帮助别提有多大了……"

很多人喜欢读"成功学"，学习别人成功的经验。然而，一个人获得成功的因素有很多，天时、地利、人和，缺一不可。正因为他是成功的，所以无论他说什么似乎都是正确的。而失败就大不相同了，失败混合着别人血和泪的成长史，不会被刻意夸大、美化，能真切地反映一些现实的问题。我们学习别人的失败经验，可以规避不必要的风险，排除所有的干扰项，接下来就是今后要走的方向了。

聪明的人从别人的失败里看到希望，平庸的人只会从胜利者的标榜里幻想卓越人生。人生的道路从来都不是一番坦途，哪有什么云淡风轻，只不过是经历的事多了，见识的人多了，看待事物成熟起来了，我们才能从容不迫地应对多变的状况。

多用脑子，少些抱怨，
做一个有风骨的人

　　入职第一天，30岁左右的王姐带着我跟未来的同事见面。蒋明明刚好有急事，她抱歉地对我一笑就急匆匆地走出了办公室，性感窈窕的倩影给我留下了极深刻的印象。

　　王姐偷偷告诉我："那就是咱们公司鼎鼎大名的蒋明明。她风评不太好，你可别跟她走太近，小心带坏你的名声，我可是为你好。"

　　我回了她一个心领神会的眼神，然后悄悄地说："看起来她还挺热情的。"

　　王姐撇了撇嘴，不屑地说道："这种人最会假惺惺，两面三刀。整天打扮得花里胡哨的，跟老板黏在一起。别什么话都和她说，小心打你小报告。"我心有戚戚，这种人还是少打交道为好。

销售部一共有十多个人，蒋明明、王姐和我，一共三位女性。蒋明明是业务员，基本上都在外地出差，平时很少能在办公室碰到面。王姐是办公室文员，所以就由她来带我熟悉部门的业务。作为公司新聘用的销售内勤，我主要负责合同执行情况、工作总结，以及做标书、收集资料等事务，有时也陪业务人员去投标。

刚入职的那几天，我对工作流程并不熟悉，所以经常向王姐请教。请教的次数多了，王姐就有些不耐烦了："小宋啊！你自己得多长点儿心，别什么事都来问我，我也有一大堆事情要做呢！"

我默默地看了眼她屏幕上最小化的某宝页面，某视频网站的电影还在播放，连忙歉疚地说："不好意思啊，王姐！又让您受累了。我正在努力学，您看这个该怎么写？"王姐一边不情愿地起身，一边嘟嘟囔囔地说着什么。

就在这时，出差回来的蒋明明刚好走到办公室门口。听到我们的对话，她笑眯眯地说："王姐，您是大忙人，这点儿小事我来就行。"

　　蒋明明不愧是业务骨干，她简明扼要地给我讲解了大致的业务流程，又把自己的工作经验毫无保留地传授给我，这让我深受感动。

　　慢慢地，我跟公司的同事渐渐熟悉起来，很多人私下里都对我说："你可别跟蒋明明走得太近，她跟老板关系暧昧，小心她在背后说你坏话。而且打扮得妖里妖气的，怎么看都不顺眼。"

　　我心存疑惑："蒋明明给我的感觉是光明磊落的，为什么这么多同事都对她有不好的评价？"类似的话听得多了，我就对蒋明明存了一份戒心。

　　不久后，省里一次重大招标项目开拍，恰逢其他业务员都出差在外。于是，公司只能临时抽调我协助蒋明明的招标工作。

　　其实，跟蒋明明在一起搭班儿工作是很轻松的——她不像其他业务员那样直接把工作全都甩给你。她会和我一起协作而且工作思路清晰，常常有很多很棒的点子和快捷的工作方法。最重要的是，她很会照顾合作者的情绪，我们工作期间非常愉快。招标结束后，在回去的路上，我和她轮流开车。当她再一次换下我的时候，我就忍不住提出了长久以来的疑问："所有业务员里，我跟你搭班儿最轻松。不过，为什么他们都对你有偏见呢？"

蒋明明了然地笑笑："是不是带你入职的王姐说的？"我有些不好意思地摸摸头。

她接着说："她肯定说我打扮得花枝招展，和老板关系不正常，尤其还告诫你别跟我走太近吧？"

我惊讶地看着她那张平静的脸，说道："既然你都知道，为什么不去当面澄清一下？几乎全公司的人都这么议论你。"

蒋明明不甚在意地说："从你入职那天我就注意你了。虽然我们接触不深，但是通过我们的接触，我知道你是个有风骨的人，不会人云亦云，凡事有自己的看法和坚持。对你我不需要解释，时间久了，你就会了解我是什么样的人。而王姐那样喜欢搬弄是非的人，即使我解释了，她也会认为是我心虚，所以，根本不需要解释。"

亲耳听到蒋明明对我这么高的评价，内心受到了极大的震动。我斟酌了一会儿说："其实也不是完全没有受到影响，但和你接触过几次之后，我觉得他们的言辞夸大了事实，所以我一直将信将疑。不过，这样的言论到底还是会中伤你的名誉，换作是我，肯定就不会这么淡然了。"

我们聊了很多，蒋明明的一番话让我醍醐灌顶。那些喜欢搬弄是非的都是些业务能力低下，不愿意吃苦学习，只想投机取巧的人。而她每年签几百万的合同，帮老总解决各种棘手的难题，哪有闲工夫去管这些上不了台面的闲言碎语？

由于能力出众，蒋明明被破格提升为公司的副经理，主持全面工作，而我顺理成章当了她的助理。那些喜欢说三道四的人立刻销声匿迹。转而不断地讨好、献媚于她。就连王姐也来找我，希望我能在新经理面前多给她美言几句，被我婉言拒绝了。

在这些人看来，别人做得比自己好，肯定就是千方百计地使手段"上位"的成果，任何成功都不正常，都有内幕交易。

很多事情就是这样，大家习惯于用舌头去搬弄是非，说三道四；习惯于用眼睛去接收自己想要看到的所谓的"真相"，宁愿相信一些莫须有的暗箱操作或潜规则，也不愿意相信通过自己的努力真的可以改变命运的现实。

高明的人，
懂得在恰当的时候迁就别人

年末时，我陪表姐去相亲。介绍人说，男生模样周正，工作稳定，家境殷实，最关键的是对方比表姐小3岁，可以称得上是优秀青年了。出门时，家里人对表姐千叮咛万嘱咐，作为即将迈入30岁的女人，姿态要放低一点儿，不要总是端着，显得那么高冷。

双方见面没聊几句，男生的表哥就提议一起去吃火锅。于是，我们一行四人就风风火火地跑去涮羊肉了。然而，面对热气腾腾的羊肉火锅，男生仍然很拘谨，正襟危坐的模样堪比巍峨的大山，一句多余的话都没有，全场都靠他的表哥和我撑场子。在我们的极力怂恿之下，男生这才非常矜持地约表姐去看电影。家人都很看好男生，但表姐对男生的表现并不满意，碍于家人的央求，她只能同意再观察一段时间。

第二天，介绍人打来电话，传递了男生很中意她，问表姐是否愿意单独约会的信息。表姐委婉地告诉介绍人："男生已经添加了我的微信，如果下次约会，他可以自己联系我，没有必要再麻烦您在中间传话了。"介绍人却说男生没有恋爱经验，为人本分又腼腆，还劝表姐年纪大了不要太挑剔，等等。无奈之下，表姐只好硬着头皮答应赴约。然而，矜持的男生依然惜字如金，更可气的是，下次约会的邀请还是通过介绍人来转达。

表姐怒了，这不是明摆着不尊重人吗？微信加了，还见了两次面，为何每次约会都需要别人来转达？难道只是为了显示他的高贵，矜持，什么都需要别人来迎合他？……

或许，男生眼中的高贵，就是用轻慢来标榜自己的与众不同，绝不愿意"低就"别人。而真正高明的人，永远都是彬彬有礼的样子，会令身边的每一个人都感到被尊重，被重视，而不会令人感到丝毫尴尬，更不会引起群体的反感和排斥。

与表姐不同的是，同事婷姐通过相亲获得了甜美的爱情。初次见面，对方并不是婷姐理想中的类型，出于礼貌，婷姐还是耐着性子陪他聊了一会儿。男方提议去吃西餐，婷姐本想婉拒他的邀请，话语里也包含了下次不会赴约的意思。他却毫不介怀地笑笑说："认识便是有缘，朋友之间吃顿饭也没什么大不了。"看着他令人舒服的笑容，婷姐实在找不出可以拒绝的理由，只好答应了。

餐厅里，服务员将牛排、红酒等一应菜品端上餐桌时，看着婷姐迟迟没有动手，他忽然意识到了什么。他不动声色的右手拿刀，左手拿叉，熟练又不失礼貌的小心地切着牛排，动作轻柔而缓慢，刚好在婷姐能看清的视野内。在他有意无意地引导下，婷姐学着他的样子生疏地切着牛排，一边吃，一边轻轻地晃动高脚杯里的红酒，有模有样地品酒。

两个没有任何交集的陌生男女第一次见面，或多或少都免不了尴尬和冷场。然而，他给婷姐的第一印象非常好，完全没有尴尬和不舒服，既不过分亲热，又不显得冷落。一来二去，两个人就慢慢熟悉起来，发展成了亲密无间的恋人。

我们周围就有这样一类人，他们谦逊，有能力，低调不张扬，不管何时何地跟谁在一起，都会让人如坐春风，如冬阳暖人。他们往往会关心人，也会照顾别人的情绪，还能恰如其分地把握其中的度，相处起来特别舒服。这样的人，走到哪里都极受欢迎。

迁就别人是一种修养，不讨好，不谄媚，尊重和平等地对待他人。即使自己的素养、能力远远高于对方，也愿意自降身份迁就他人，这就是一种很高级的品质。只有那些夸夸其谈又胸无点墨之人，才会通过踩低别人的方式来标榜自己。

记得刚到售楼部报到时，陈强不善言辞，也没有任何的销售经验，更没有渠道吸引客户。他每天除了照着公司丢给他的电话本打几个无关紧要的电话之外，其余的时间只能坐在工位上"干瞪眼"，就连带他的师傅也经常敷衍了事地塞给他不靠谱儿的"客户"。

一天，售楼处来了一位衣着朴素的老人，他腿脚不便，身体消瘦，看起来完全不像能买得起高档小区的客户。所有的同事都在忙着招待"潜力股"，他的师傅见状，便打发他去招呼老人。陈强没有推辞，礼貌地招呼老人坐下，接来一杯热水之后，他彬彬有礼地坐在老人对面，拉起了家常。得知老人想看房，他热心地推荐了公司哪些地段房价便宜；哪些房子户型好，性价比高；哪些房子适合一家三口生活，哪些房子更适合养老；等等。同事们互相交换眼色，都嘲笑陈强傻。第二天，那位老人订了好几套房，在场的人无不目瞪口呆。原来，老人名下有好几套房，这次是专程为身在海外的儿女买养老房呢！

此事让陈强一跃成了当月的销售冠军。如今，已经在业界赫赫有名的他，年薪早已逾百万，但他依然秉承原来的作风，不焦不躁，无论何时何地都谦恭地对待别人，懂得恰到好处地低就别人。

人与人之间没有高低贵贱之分，有的只是平等、尊重地对待别人。无关身份、地位、权势，更不是言语上的争强好胜，而是在精神上的旗鼓相当。高明的人懂得用尊重赢得天下，只有浅薄的人才会逞口舌之能。